環境倫理入門

地球環境と科学技術の未来を考えるために

一般社団法人
近畿化学協会
化学教育研究会 編著

化学同人

序　章
~われわれの願いと本書誕生の経緯~

◆ 実務に結びつく環境倫理

　地球温暖化，エネルギー・食料問題など，人類の生存を根底からおびやかす環境問題が大きくクローズアップされ，持続可能な社会の構築が，全世界的に重要課題となっている．科学技術分野でも，進歩と発展が無条件に評価される時代は終わり，持続可能な社会と，その構築に寄与することが求められるようになった．

　人びとはさまざまな次元で多かれ少なかれ科学技術にかかわっている．なかでも，技術者は，環境に直接的に影響を与える産業活動の最前線に立ち，専門家として，より豊かな社会を築くためのリーダーである．すべての現代人，とりわけ技術者は，もはや環境への視点，すなわち「環境倫理」を抜きにして，科学技術の開発・利用を考えることはできなくなった．

　そうした状況を受け，将来，技術者をめざす理工系学生向けに，「環境倫理」を学ぶ講義を設置する大学も現れた．近畿化学協会化学技術アドバイザー会（略称：キンカCA）でも，その講義のひとつを担当することとなり，科学技術にかかわる者が学ぶべき環境倫理について，今日まで再三議論を重ねてきた．環境倫理について論じた本は数多くあるものの，産業活動の最前線に立ち，問題に直面する社会人にとって役立つような内容のある本がきわめて少ないこともわかった．われわれは学生が社会人であるという自覚をもつようになっていただきたいと願っている．

　そこで，技術者をはじめ，各自がそれぞれの専門分野で実際に仕事を進めるときに環境問題についてどう考えればよいかという視点を提供したいと考え，実務にしっかりと結びつく「環境倫理」のテキストを，われわれ自身の手でつくることを決意した．こうして生まれたのが，本書である．

◆ 環境倫理と工学倫理・技術者倫理との違い

　技術者がかかわる倫理として，「工学倫理（技術者倫理）」がある．最近では，大学で必修科目として学ぶことも多くなった．では，「工学倫理（技術者倫理）」と「環境倫理」はどう違うのだろうか．

　「工学倫理（技術者倫理）」は，技術者が専門家として仕事をするときに生じる，「専門家としての良心」と「企業経営者からの要請」との葛藤がおもな課題であり，自分自身の心

のもち方が倫理の中心となる．一方，「環境倫理」は，それと重なる部分をもち合わせながらも，独自の問題を視野に入れなくてはならない．

たとえば，次のようなことである．
* 環境とは何かという問題
* 個人主義・自由主義が抱える本質的な問題
* 次世代への伝承のあり方の問題
* 環境を守る主体が，一般市民，専門技術者，企業，地方自治体，国家，国連といったヒエラルキー構造をもっているという特殊性
* そのそれぞれの階層内・階層間でのエゴの問題

つまり，自然と人間とのかかわりや，環境を壊す側でも守る側でもある人間社会の構造など，問題の主体と客体をあらためて根本的に見直す視点が必要になるのである．こうした問題を把握したうえで，環境と資源を次世代に自信をもってバトンタッチするために，どのような立場で，何をすればよいかを考えることが中心課題となる．

◆ 環境倫理が抱えるジレンマ

しかしながら，「環境倫理」を実践に移していこうとすると，ジレンマに突き当たることも予想される．

一般に，環境を守るために必要な基本的な姿勢としては次のようなものが挙げられる．
* 自然の恵みに対する感謝
* 自然の恐怖への備えと謙虚さ
* 足ることを知り，心の豊かさで満足する節度
* 強者が奢ることなく，弱いものを助ける優しさ
* 次世代に対する思いやり
* 他人に害を与える場合の自由や権利の制限

これらには，われわれが享受している価値観とは根本的に相容れることができない問題もある．たとえば，「心の豊かさで満足する」というのは，利潤と利便性を追求することで成長・発展する資本主義経済とどう折り合うのか．また，「次世代に対する思いやり」は，同世代の成人どうしでの契約で成り立っている契約社会において実行が可能なのか．

こうした葛藤・矛盾は，現在の文明社会の価値観・社会経済体制のなかで科学技術を扱っている技術者にとっても避けられない．とすれば，「環境倫理」は，必須の素養でありながら，実践不可能なものなのだろうか．利便性や効率のみを求めての成長・拡大を"良し"としない「環境倫理」の時代の下では，若人たちが夢と希望をもって勉学に励むことはできないのだろうか．

◆ **科学技術の発展と環境倫理との両立を求めて**

　しかし，技術者OBであるわれわれは，自身らが関わったグリーンケミストリーの研究から開発までの過程で得た実績を評価することによって，一研究者，一技術者，一民間企業が科学技術の立場から社会的に果たす役割が計り知れないほど大きいことを実感し，自信をもつことができるようになった．新しい科学技術は，たしかに環境破壊を引き起こす危険性をもっている．しかし一方では，環境破壊の原因をつきとめたり，システムを正しく制御したり，ひいては積極的に環境を守り・創造したりする重要な役割を担えるのも科学技術である．

　とりわけ，学生や若い技術者の使命は重要である．科学技術の研究・開発は，技術者が若さと人生を賭けるにふさわしい仕事である．直接の技術開発・応用以外にも，環境政策の目標設定に参加したり，目標達成のために寄与したりするのも，科学技術にたずさわる者の役割であろう．利便性を追求しない持続型社会においても，若い技術者の挑戦目標は高く，夢は大きいことを確信していただきたい．無力感を抱いてしまえばそれまでであり，存在価値すらなくなってしまう．

　そうした思いをテキストとして後輩たちのためにまとめたいと考えたのも本書を企画した大きな理由である．科学技術が両刃の剣であるからこそ，「環境倫理」が必要であり，「環境倫理」を学ぶことで前向きに科学技術に携わることができるのである．

　「環境倫理」の考え方を身につけたうえで，自分の課題として取り組めることはたくさんある．その一例を挙げてみよう．
　＊一人の人間としての道徳観に裏づけされたプロとしての誇りと見識をもつ．
　＊立場上の「強い影響力」と「深い認識」を活用し，危機管理に役立たせる．
　＊高い調査・解析能力を活用して問題を正しく認識し，何が本当かという世論をつくる．
　＊「公害」や「災害」を引き起こさない．
　＊自然破壊に加担しない．自然に触れて感性を豊かにする．
　＊持続的社会に必要な新技術の開発に挑戦する．
　＊無理だとあきらめないで行動する（たとえば，選挙の投票には必ず出かける）．

　個人的な問題に始まり，業務上での消極的・積極的課題から，社会の一員としての責任を果たすことまで，自身が置かれた状況によってさまざまなレベルがあるであろう．いずれにしても，最初に踏み出す第一歩こそがたいせつであり，行動に移せるかどうかが重要な鍵となる．

　そのためにも，まずは，現状を正しく理解し，基本的な考え方をしっかり身につけたい．そして，少しでも現代と次世代に夢と希望をもてるようにしてほしい．

序章

◆ 本書の構成とねらい

本書は，本文12章と補章，およびコラムからなり，本文は大きく3部に分かれている．「環境倫理」は，まだまだなじみの薄い概念である．特に理工系に属する方々にはなおさらであろう．そこで，第Ⅰ部「環境倫理の基本概念」では，第1章「いまなぜ環境倫理なのか」という概論から始め，第2章「地球の有限性」，第3章「自然・生態系の保護」，第4章「世代間倫理」，第5章「持続可能性」といった，環境倫理のキーワードともなる重要概念を基本から解説した．

続く第Ⅱ部「環境倫理の実践的課題」では，第6章「資源とエネルギー」，第7章「地球温暖化」，第8章「廃棄物問題」，第9章「生物多様性」といった，現在起きつつある具体的な問題を取り上げ，どのように考えていけばいいのかを述べた．

それらを受け，第Ⅲ部「科学技術の進展と環境倫理」では，第10章「環境破壊と社会」，第11章「企業活動と環境」，第12章で「これからの科学技術はどうあるべきか」というように，社会において，実際の生活や仕事のなかで環境倫理を考えるときに必要な視点と知識を提供するようにした．過去の歴史に学ぶこと，具体的な葛藤に出会ったときの対処法，現状を正しく認識し対策を考えるためのリスクマネジメントなど，実践に役立つ内容となっているはずである．

各章末にはコラムを置き，多方面にわたる具体的話題を提供した．問題への興味・関心をいっそう深めたり，自分で倫理問題を考えるための題材としたりしてほしい．

さらに，補章として，自然の歴史を俯瞰的に見ながら現在の問題構造を明らかにしていく「太陽・地球・生物・人類文明の歴史的かかわり」を置いた．これは，現在の環境問題の構造を一枚の絵でつかめるようにした巻頭の「環境曼荼羅」ともリンクしている．さらに，巻末には，日本の地球環境関連政策を年表にまとめ，大きな流れがひと目でわかるように工夫した．

本書の構成と内容については，近畿化学協会化学教育研究会で意見交換を行ない推敲したものである．基本的な考え方をひととおり学べるようにしているが，単なる概説書にはならないように，どの部分においても，科学技術とのかかわりをふまえ，実践に生かせるようにすることを強く心がけた．なお，私たちの意見交換会がその第一歩を正しく踏み出すことができたのは，わが国における環境倫理研究のパイオニアである加藤尚武先生の業績に学んだところが大きい．冒頭に感謝申し上げる次第である．

読者一人ひとりが，自らの環境倫理観を構築し，自然と人類が生存し続けることができる豊かな未来を築くために本書を役立てていただければ幸いである．

目 次

「環境曼荼羅」巻頭見返し

序章 われわれの願いと本書誕生の経緯 …………………………………… iii

第Ⅰ部　環境倫理の基本概念

1章　いまなぜ環境倫理なのか

1.1 環境とは ……………………………………………………………………… 2
　　1.1.1　「環境」という用語の定義／1.1.2　環境のイメージ
1.2 倫理とは ……………………………………………………………………… 3
　　1.2.1　「倫理」という用語の定義／1.2.2　倫理と法，モラル，道徳
1.3 倫理の思考過程と判断基準 ……………………………………………… 6
　　1.3.1　功利主義と義務論／1.3.2　倫理問題への対処法
1.4 環境倫理とは ………………………………………………………………… 8
　　1.4.1　環境倫理の対象／1.4.2　環境倫理「三つの主張」／1.4.3　本書でめざす環境倫理
1.5 環境倫理が必要な背景 …………………………………………………… 11
　　Technological Column **No.1**　自然界における水と油　13

2章　地球の有限性

2.1 宇宙船地球号 ………………………………………………………………… 14
2.2 地球の限界を考える ……………………………………………………… 16
　　2.2.1　ローマクラブ報告書『成長の限界』／2.2.2　『限界を超えて』／2.2.3　人類の文明とエネルギー
2.3 人口問題 ……………………………………………………………………… 22
　　2.3.1　マルサスの『人口論』／2.3.2　人口問題への対策
2.4 地球の環境容量とエコロジカル・フットプリント ………………… 25
2.5 イースター島の教え ……………………………………………………… 27
　　2.5.1　イースター島の発見／2.5.2　人類のイースター島への到着／2.5.3　イースター島の悲劇と教訓

Technological Column **No.2**　宇宙から地球環境を考えてみよう　*29*

3章　自然・生態系の保護

3.1 自然の保全と保存 …………………………………………………………………… *30*
3.1.1　ヘッチヘッチー渓谷論争／3.1.2　ピンショーとミューアの主張／3.1.3　保全と保存／3.1.4　白神山地における論争

3.2 自然の権利 ……………………………………………………………………………… *34*
3.2.1　木は法廷に立てるか？／3.2.2　アマミノクロウサギ事件／3.2.3　自然の権利の拡張

3.3 動物の権利 ……………………………………………………………………………… *37*
3.3.1　ピーター・シンガーの「動物の解放」／3.3.2　トム・レーガンの「動物の権利」／3.3.3　動物の解放・権利への批判

3.4 土地倫理 ………………………………………………………………………………… *38*
3.4.1　アルド・レオポルドの自然とのかかわり／3.4.2　レオポルドの土地倫理の概要

3.5 ディープ・エコロジー ………………………………………………………………… *41*
3.5.1　アルネ・ネスの主張／3.5.2　ディープ・エコロジーの展開／3.5.3　ディープ・エコロジーへの批判

Technological Column **No.3**　発光生物の生態とその技術的利用　*44*

4章　環境と世代間倫理

4.1 時間軸で考える環境倫理 ……………………………………………………………… *45*
4.1.1　過去，現在，未来世代の利害／4.1.2　世代間倫理の背景と本質／4.1.3　未来問題の難しさ

4.2 世代間倫理へのアプローチ …………………………………………………………… *48*
4.2.1　ハンス・ヨナスの「責任という原理」／4.2.2　ロールズの「正義論」／4.2.3　自己愛からのアプローチ／4.2.4　未来世代との社会契約からのアプローチ

4.3 『沈黙の春』が訴えた未来世代への責任 …………………………………………… *52*
4.3.1　レイチェル・カーソンの警告／4.3.2　難分解性・生体蓄積性化学物質の怖さ／4.3.3　トレード・オフを考えて

4.4 未来世代のために ……………………………………………………………………… *58*

Technological Column **No.4**　安全で豊かな食生活を支える現在の農薬　*59*

5章　持続可能な社会

5.1 持続可能な発展とは …………………………………………………………………… *60*
5.1.1　持続可能な発展の歴史的背景／5.1.2　ブルントラント委員会報告書『Our Common Future』

5.2 持続可能な発展の定着 ………………………………………………… 62
 5.2.1 リオ地球サミット／5.2.2 ヨハネスブルグ・サミット／5.2.3 持続可能性の二つの考え方

5.3 持続可能な発展の展開 ………………………………………………… 65
 5.3.1 持続可能を定義する三つの制約／5.3.2 持続可能な発展の経済学

5.4 共有地の悲劇とその管理 ……………………………………………… 68
 5.4.1 共有地の悲劇とは／5.4.2 さまざまなコモンズ／5.4.3 社会的費用と環境税

5.5 持続可能で豊かな社会を求めて ……………………………………… 73

Technological Column **No.5**　水資源と膜技術　76

第Ⅱ部　環境倫理の実践的課題

6章　資源とエネルギー

6.1 資源の枯渇と人口問題のかかわり ………………………………… 78
 6.1.1 資源の埋蔵量と可採年数／6.1.2 急激な人口増加／6.1.3 人口問題と食料・資源問題の克服に向けて

6.2 化石エネルギー資源の消費と見直し ……………………………… 81
 6.2.1 経済成長とエネルギー資源の消費増大／6.2.2 石油ピークと資源戦略の恐怖／6.2.3 石油危機の経験／6.2.4 化石エネルギー資源からの転換の必要性

6.3 原子力エネルギーの現状と課題 …………………………………… 84
 6.3.1 原子力エネルギー利用の現状と原発事故／6.3.2 原子力エネルギーの発見と原発普及までの歴史／6.3.3 日本の原子力政策と核燃料サイクルの再検証／6.3.4 福島原発事故——科学者・技術者の責任と立場

6.4 資源・エネルギー問題の将来 ……………………………………… 88
 6.4.1 自然エネルギーへの転換と課題／6.4.2 バイオ燃料・食料資源と南北問題

Technological Column **No.6**　バイオ燃料の現状と問題点　93

7章　地球温暖化

7.1 地球規模の環境問題 …………………………………………………… 94

7.2 地球温暖化のメカニズムと評価 ……………………………………… 94
 7.2.1 温暖化のメカニズム／7.2.2 IPCCの役割／7.2.3 IPCC第6次報告書による温暖化の評価

7.3 地球温暖化の背景と推移 ……………………………………………… 96
 7.3.1 温暖化の進行／7.3.2 国際的な取り組みの開始／7.3.3 気候変動枠組み条約

7.4 **地球温暖化の緩和政策とそのシナリオ** ·· *99*
  7.4.1 温暖化対策の概念／7.4.2 京都議定書の採択／7.4.3 温暖化緩和策のしくみ／
  7.4.4 排出権取引の現状と温暖化対策の課題

7.5 **国際的合意の経過と期待** ·· *104*

7.6 **温暖化対策における日本の責務** ·· *107*
  7.6.1 日本の役割と自覚／7.6.2 原発事故問題との整合性／7.6.3 低炭素社会への意識改革

7.7 **科学者・技術者の役割** ·· *108*

Technological Column No.7 温室効果ガス（CO_2, N_2O）削減をめざす取り組み　*109*

8章　廃棄物問題

8.1 **廃棄物と廃棄物管理の実態** ·· *110*
  8.1.1 廃棄物とは／8.1.2 近世における廃棄物処理／8.1.3 現代の廃棄物行政と汚染者負担原則／
  8.1.4 廃棄物の不法投棄，不適正処理／8.1.5 廃棄物の基本処理体系／8.1.6 廃棄のコンプライアンス

8.2 **循環型リサイクル社会の構築** ·· *117*
  8.2.1 廃棄物処理の基本は3Rイニシアティブ／8.2.2 資源リサイクルの現状／8.2.3 廃棄物リサイクル制度の課題／8.2.4 廃棄物問題の国際的な取り組み

8.3 **多様化する廃棄物** ·· *120*
  8.3.1 新しい環境汚染／8.3.2 放射性廃棄物の問題／8.3.3 廃棄物問題の解決に向けて

Technological Column No.8 「循環資源」について　*123*

9章　生物多様性

9.1 **生物種の絶滅と多様性喪失の歴史** ·· *124*
  9.1.1 生命40億年の歴史から見た生物多様性／9.1.2 地質年代から見る生物大量絶滅の歴史／
  9.1.3 資源としての生物の収奪

9.2 **生物多様性はなぜたいせつなのか** ·· *128*
  9.2.1 生態系からの恵み／9.2.2 生物多様性とは

9.3 **現代の生物多様性喪失の原因と現状** ·· *130*
  9.3.1 生物多様性四つの危機／9.3.2 種はどの程度減少しているのか／9.3.3 生態系サービスの質の低下

9.4 **生物多様性を保全するために** ·· *133*
  9.4.1 生物多様性条約にいたる経緯／9.4.2 生物多様性条約の概要／9.4.3 生物資源をめぐる争奪と利益配分

9.5 **今後求められる生物多様性への配慮** ·· *137*

Technological Column No.9 "二酸化炭素"は生命とくすりの起源物質　*138*

第Ⅲ部　科学技術の進展と環境倫理

10章　環境破壊と社会

10.1　文明の発達と開発がもたらした環境問題 ……… 140
10.1.1　環境問題の原点／10.1.2　産業革命の勃発と公害／10.1.3　日本の環境公害の始まり／10.1.4　別子銅山における経営者と技術者の行動／10.1.5　第二次産業における環境公害／10.1.6　四大公害病

10.2　環境対策の動向と規制 ……… 147
10.2.1　環境の保全と立法化の動き／10.2.2　国内の環境関連法など

10.3　環境問題の国際的な動き ……… 148
10.3.1　海外の環境汚染対策の始まり／10.3.2　化学物質による環境汚染／10.3.3　地球環境に対応する国際的な流れ

10.4　社会意識の変革 ……… 151

Technological Column **No.10**　化学物質による大気汚染　153

11章　企業活動と環境

11.1　企業活動と環境とのかかわりの推移 ……… 154

11.2　企業の社会的責任 ……… 155
11.2.1　企業のステークホルダー／11.2.2　企業の社会的責任（CSR）／11.2.3　環境経営

11.3　企業における環境配慮への具体的取り組み ……… 158
11.3.1　レスポンシブル・ケア（RC）活動／11.3.2　グリーン調達／11.3.3　LCA（ライフサイクルアセスメント）／11.3.4　フェアトレード

11.4　環境に関する企業の行動規範 ……… 163
11.4.1　国連グローバル・コンパクト（GC）／11.4.2　経団連の企業行動憲章

Technological Column **No.11**　企業は地球温暖化問題にどのように対応しているのか？　166

12章　これからの科学技術はどうあるべきか

12.1　科学技術について ……… 167

12.2　安全およびリスクについて ……… 168
12.2.1　安全とは／12.2.2　リスクとは／12.2.3　不確実なリスクへの対応／12.2.4　予防原則の適用にあたって

12.3　科学技術と社会とのかかわり ……… 172

目次

  12.3.1　ブタペスト会議について／12.3.2　社会のための，そして社会の中の科学／
  12.3.3　トランス・サイエンスについて
12.4　環境問題における科学技術の役割 …………………………………………………… 175
  12.4.1　特殊なリスクをもつ科学技術に対する倫理的配慮／12.4.2　未来に向けての環境への配慮

Technological Column **No.12**　戦争と環境倫理　*178*

補章　太陽・地球・生物・人類文明の歴史的かかわり　〜「環境曼荼羅」を読み解くために〜 ……… 179

参考図書　*184*

索　引　*187*

あとがき　*191*

「日本の地球環境関連政策」　巻末見返し

第 I 部

環境倫理の基本概念

I部 環境倫理の基本概念

いまなぜ環境倫理なのか

1章

「環境倫理」という言葉は,「環境」と「倫理」の合成語である.環境倫理が叫ばれ始めたのは,1970年代以降のアメリカにおいてであった.そして現在,私たちが環境問題を考えるうえで,環境倫理はとてもたいせつな意味をもち,科学技術に携わる者にも必須の課題となったが,なじみ薄い場合が多いと思われる.本章では,「環境倫理」という概念が何を表すのかということから始める.

1.1 環境とは

1.1.1 「環境」という用語の定義

まず,**環境**という言葉の意味から考えてみたい."環境"という言葉を『広辞苑』では以下のように記している.

① めぐり囲む区域.
② 四囲の外界.周囲の事物.特に,人間または生物を取りまき,それと相互作用を及ぼし合うものとして見た外界.自然的環境と社会的環境とがある.

環境という言葉はさまざまな場面で広く使われているが,その定義は漠然としている.たとえば「環境基本法」[*1](p.147参照)においても,環境という言葉の定義はなされていない.
ここでは,『広辞苑』[*2]の「人間または生物を取りまき,それと相互作用を及ぼし合うものとして見た外界」という定義を環境と考える.そして,地球レベルで考える自然的環境と社会的環境を,人間とのかかわりから系統的に理解していきたい.自然的環境には,人

[*1] 補説
平成5年11月19日法律第91号.日本の環境政策を定める基本法.

[*2] 文献
『広辞苑 第6版』(岩波書店, 2008)

間や生物（動物，植物，微生物）およびそれらに相互作用をおよぼす空気，水，土地なども含めることとする．

環境問題はきわめて多種・多様であり，それぞれの時代背景だけでなく，地域や人によっても取り扱いは異なるので，その優先順位を決めるのは難しい．さらに，環境に対する人それぞれの価値観もますます多様化しており，そのことが環境問題の解決を難しくしていることも事実である．したがって，環境をどのような視点でとらえるかということは，環境倫理を考えるうえで重要である．

1.1.2 環境のイメージ

なお，環境と関連して，現在，わが国で「エコ」という言葉が氾濫しているが，その語源 Ecology は生物と環境の相互作用を研究する生物学の一分野である生態学を意味し，幅広い環境を意味する Environment とは違うことに留意していただきたい．ここでは，環境のイメージとして図 1-1 に示したような相関関係を考える．

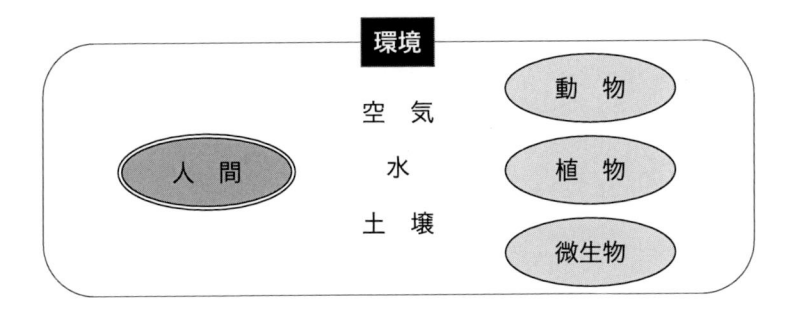

図 1-1 環境のイメージ

1.2 倫理とは

1.2.1 「倫理」という用語の定義

倫理（Ethics）は，「習慣」を意味するギリシャ語の"エートス（ethos）"が語源といわれている．

『OXFORD 英英辞典』では，Ethics を "moral principles that control or influence a person's behavior" と記している．

I部 環境倫理の基本概念

哲学者和辻哲郎は著書『倫理学』*3 のなかで，

> 倫理は我々の日常の存在を貫いている理法であって，何人もがその脚下から見出すことのできるものである．この生きた倫理をよそにしてただ倫理学書の内にのみ倫理の概念を求めるのは，自ら倫理を把捉するゆえんではない．

と述べており，倫理という言葉を以下のように説明している．

> 倫理という言葉は，「倫」「理」の二語からなっている．倫は「なかま」を意味する．「なかま」とは一定の人々の関係体系としての団体であるとともに，この団体によって規定せられた個々の人々である．……「理」という言葉は，「ことわり」「すじ道」を意味し，主として行為の仕方，秩序を強めて言い現わすために付加せられた．だから倫理は人間の共同的存在をそれとしてあらしめるところの秩序，道にほかならぬのである．言い換えれば倫理とは社会存在の理法である．

『広辞苑』では「倫理」に関わる次のような言葉がある．

- 「倫理」：人倫のみち．実際道徳の規範となる原理．道徳．
- 「人倫」：人と人との秩序関係．君臣・父子・夫婦など，上下・長幼などの秩序．転じて，人として守るべき道．人としてのみち．
- 「道徳」：人のふみ行うべき道．ある社会で，その成員の社会に対する，あるいは成員相互間の行為の善悪を判断する基準として，一般に承認されている規範の総体．法律のような外面的強制力を伴うものではなく，個人の内面的な原理．今日では，自然や文化財や技術品など，事物に対する人間の在るべき態度もこれに含まれる．

金沢工大教授の札野順は「倫理」を次のようにまとめている*4．

> 倫理とは，ある社会集団において，行為の善悪や正不正などの価値に関する判断を下すための規範体系の総体，およびその体系についての継続的検討という知的営為である．

ここで，私たちの日常生活から倫理について考えてみる．倫理は

---

*3 文献
和辻哲郎『倫理学（一）』（岩波文庫，2007）p. 6, p. 21〜22

*4 文献
札野順編『改訂版 技術倫理』（放送大学教育振興会，2009）p. 18

社会的な共同生活を成り立たせる基本原則である．「他人の生命を脅かしてはいけない」「他人の身体の安全を害するような行為をしてはならない」「他人の所有物を盗んではならない」といった簡単な原則を考えてみればよい．法の根幹をなしており，幅広く社会に機能している．

倫理の基本は，"人と人"あるいは"人と人間社会"のなかにある．人は一人では生きていくことはできない．二人以上で生きていこうとすると，秩序が必要となる．倫理とは，人が社会的に生きていくための，共通，かつ普遍的，自律的なルールといえる．私たちはふだん，あらためて倫理を考えることなく行動し，無意識のうちに倫理的な判断を下しながら生活している．倫理は私たちの毎日の生活の中では，あたかも空気のような存在であるといってよいが，倫理がなければ人間らしく生きてはいけない．

1.2.2 倫理と法，モラル，道徳

一般には倫理と同義で使われることが多い**道徳**，**モラル**と，**法律**との関係を図1-2に示す．

社会には守るべき規範として，**法**と**倫理**がある．法は犯すと罰せられる他律的なもので，その最終判断は司法の場で行われる．一方，倫理は自律的なものである．倫理は，人類共通の価値観として普遍性をもつのに対し，法は時代により変遷し，地域により異なる．

法を正しく守るということと，倫理的であること，礼儀正しくふ

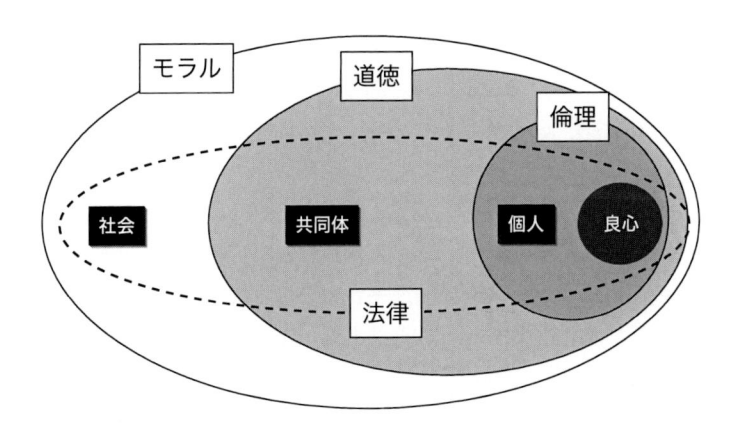

図1-2 倫理，道徳，モラルと法の関係

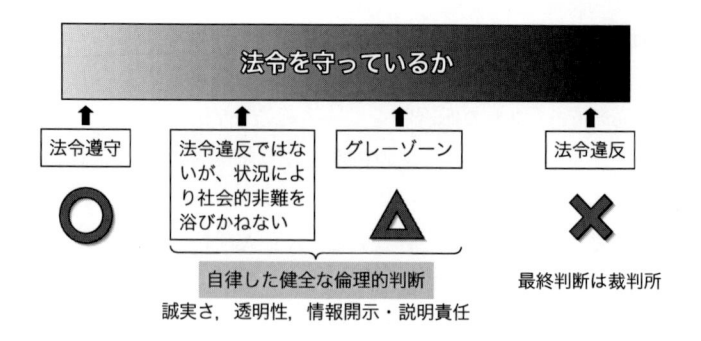

```
          法令を守っているか
    ↑       ↑        ↑       ↑
  法令遵守  法令違反では  グレーゾーン  法令違反
         ないが、状況に
         より社会的非難を
         浴びかねない
    ○       △              ×
         自律した健全な倫理的判断
         誠実さ，透明性，情報開示・説明責任   最終判断は裁判所
```

図 1-3 法令と倫理的判断

るまうこととは，必ずしも一致しないことも理解しておくべきである．非倫理的な人は，法に違反しない範囲で悪いことを考えているし，礼儀に欠ける人であっても，とても倫理的な人はたくさんいる．法に照らして違反はしていないが，状況によりその行為が社会から強い非難を受けるケースは多く[*5]，そこには自律的で健全な**倫理的判断**が求められる（**図1-3**）．

1.3 倫理の思考過程と判断基準

1.3.1 功利主義と義務論

倫理的判断にあたっては，その判断基準が問題となる．さまざまな倫理的判断基準が古今東西，多くの人たちによって提示されている[*6]．そのなかで主流となっている，**功利主義**と**義務論**の考えについて簡単に示しておく．

● 功利主義

イギリスの哲学者ジェレミー・ベンサム（1748～1832）により体系化され，ジョン・スチュアート・ミル（1806～1873）により洗練化された倫理学説である．結果主義，帰結主義ともよばれる．ある状況のもとでの人間の行為は，行為者の動機ではなく，その結果によって善し悪しが判断される．行為の善し悪しは，快楽あるいは幸福を最大化させ，苦痛あるいは不幸を最小化させる傾向をもつか

[*5] 事例
携帯電話が出始めた時期，携帯電話をかけながらの自動車運転は法律（道路交通法）違反ではなかった．しかし，危険な行為として社会からの非難の対象となっていた．公害問題でもそのような例を見ることができる．

[*6] 補説
このような倫理規範を扱う倫理学を「規範倫理学」とよぶ．

否かによって決まる．そして，そこには，善が客観的（特定の人間の利害とは無関係）かつ普遍的（あらゆる時代のあらゆる人にとって）であるはずとの前提がある．この考え方は，今も経済，公共政策，政府規制や環境政策などに大きな影響を与えている．

功利主義に対しては，いくつかの批判が投げかけられてきた．たとえば，功利主義は，より大きい善のために私的追求が後回しにされることを求める．すなわち，道徳と相反した場合に，自分自身の追求を諦めることを求める．結果として，個人の権利が尊重されないということが起こりうる．ただ，「行為の結果を考えて行動やふるまいを変えるべきだ」という私たちの常識に通じるところは，受け入れやすい．功利主義の優れた特性を評価しながらも，その限界を見極めることもたいせつである．

● **義務論**

功利主義に対し，義務論は，帰結（結果）よりも原則にもとづいて行動することを強調し，幸福が最高の価値であるというような固定した考え方をしない．結果が良くても悪くても，絶対規則，すなわちすべての人が了解し得る普遍性をもった行為こそが道徳的に正しいとする．代表的な義務論者は，ドイツの哲学者**エマヌエル・カント**（1724～1804）であり，動機，義務を重視する有名な「定言命法[*7]」を示した．カントの義務論の出発点は，私たちが責任を負うことができるのは，私たちが制御できることに限られるという主張である．

実生活の場で遭遇する倫理的な問題には，きれいな解答が出るものはまずない．環境問題に関する倫理的な課題においてもさまざまな考え方があり，答えを導き出すのが難しい場合が多い．なぜ環境を守らなければならないかと問われたとき，100人いればおそらく100の異なる答えが出てくるだろう．葛藤しながら，いくつかの対策案を挙げ，倫理問題への対処法として複数の解決策を考え，さまざまな観点からの善悪や得失などを判断し，多様な価値観を考慮しながらよりよい考え方に導いていくことが求められる．その思考過程において功利主義や義務論などの考え方は有効に働くだろう．

[*7] 補説
◆ **定言命法**
仮言命法（条件付きの命令）が「汝もし幸福を得んとせばかく行為すべし」というふうに，ある目的を達成するための手段としてある行為を命令するのに対して，定言命法は端的に「何々すべし」と行為そのものを目的として絶対的・無条件的に命令する．カントは，道徳法の命ずるところは他の目的や結果のためではなく，それ自身を目的として守られるべきものであるとする．

1.3.2 倫理問題への対処法

環境関連も含め，倫理問題に遭遇したときの実践的な対処法として，次のようなプロセスをとってみることを推奨したい．

> ① 時間軸に沿って年表を作ってみる．
> ② 利害関係者（ステークホルダー）を書き出してみる．
> ③ 専門家の主張をまとめてみる．（専門誌はどのように扱っているか，専門家の主張にどのような類似点あるいは相違点があるかを明確にする）．
> ④ 専門家と社会の側との主張の違いをまとめてみる（判例，世論，一般市民等の主張も考慮しながら，科学的合理性と社会的合理性の合意とズレがどこにあるのか）．
> ⑤ ①から④をもとに，事実関係や倫理的問題点を明確にする．
> ⑥ 取り得る行動を考え出し，それらをリストアップする．
> ⑦ 複数の行動案のなかから，倫理的妥当性の検討を行い，取るべき行動を決定する．

なお，取るべき行動案は複数であってもよい．倫理的問題に再び陥らないために，上記のステップをくり返しながら検討を継続し，よりよい方向へと改善していくことも忘れてはならない．

1.4 環境倫理とは

上に述べたように，倫理は，一般的には人間の行為の善悪を判断して，個人の義務や社会や共同体の規範を探求することといえる．その対象の主体は人間であった．

しかし，環境倫理は，1970年代以降，アメリカを中心に議論が始まった比較的新しい学問領域である．工学倫理，技術者倫理，生命倫理，情報倫理，ビジネス倫理などとともに**応用倫理**の一分野とされる．応用倫理は，古典的な人間中心の枠組みを超え，複雑で高度に発展を続ける現代社会におけるさまざまな分野での倫理的課題を扱う．それぞれの倫理分野は相互に関連しながら，多様な展開を見せているが，考え方や判断基準に共通する部分も多い．

1.4.1　環境倫理の対象

　環境は，人類の生存，さらには豊かで健康にして文化的な生活の基盤である．環境倫理がどのようなものかを頭に描くためには，まず，自然環境に対するわれわれのかかわり方や，**自然の価値**をどのように見ればよいかを学ぶ必要がある．

　自然の価値は，われわれが自然を利用することから得られる**道具的価値**と，自然そのものがもつ**内在的価値**の二つに分けて考えられる．このような価値を有する自然環境と，自然環境に影響をおよぼす人間の行為にまで倫理の対象を広げようとするのが環境倫理である．これまで自由財と考えていた空気や水をはじめ，資源，人以外の生物（動物，植物など），さらには自然生態系全体や地球そのものまでも，倫理を考慮するときの対象にしようとするものである．自然と人間とのかかわりのなかで，人間の行為の自由を制約する規範を環境倫理といってよい．地球上の多様な生態系を理解し，そして，人びとの多様な価値観を認め合いながら，よりよい共通の未来に向けた方向性を確認する作業ともいえる．

　とりわけ環境とのかかわりが大きい科学者や技術者には，環境倫理への格段の配慮が求められる．

1.4.2　環境倫理「三つの主張」

　環境倫理が扱う範囲は極めて広い．環境関連の科学・技術にとどまらず，さまざまな科学・技術の専門分野や，経済学，政治学，社会学，人文科学などからのアプローチも必要となることがある．

　しかしながら，環境倫理の主張は，次に示す三点に整理集約することができる．

---

① **地球の有限性**（2章で詳述）
　　地球は，太陽からのエネルギーを除けば閉じた球体といってよく，そこに存在する資源も有限である．
② **世代間倫理**（4章で詳述）
　　現在の世代には，未来の世代の生存条件を保証する責任がある．
③ **生物種の保護**（3章で詳述）
　　人間は単独で生きていくことはできず，地球上のあらゆる生物種や無機資源およびエネルギーの流れを含めた生態システ

> ムが全体として相互に連関し合いながら存在している．そして，そのすべてに存在の権利がある．

　この三つの主張を見れば，環境倫理には，単に「自然を守りましょう」とか「環境を保護しましょう」というだけでなく，空間，時間の拡がりを越えた地球レベルの社会全体に多大な影響を与える可能性をもつことがわかるだろう（図1-4）．

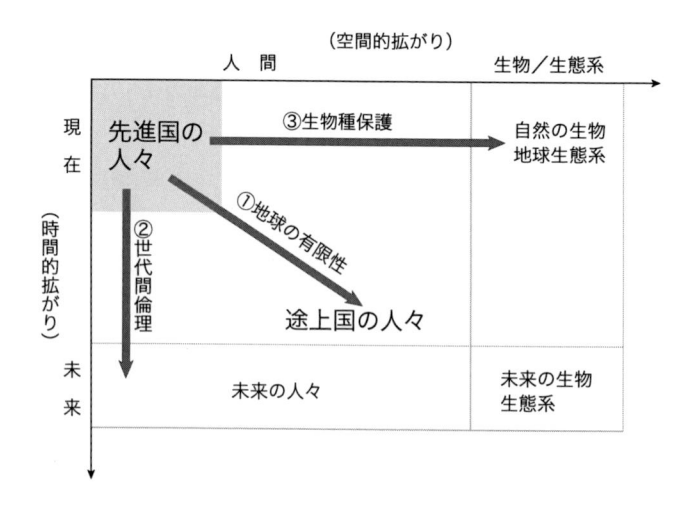

図1-4　環境倫理「三つの主張」の構造

1.4.3　本書でめざす環境倫理

　さらに，環境倫理の議論を進めていくうえで，環境にかかわる哲学や思想として人間中心主義と人間非中心主義[*8]との思想的な対立があり，本書でも両方のさまざまな考え方を具体的な事例での論争とともに述べていくことになる．この二つの考え方はときに激しい論争を巻き起こし，今なお論争は続いている．これは環境倫理の大きなテーマではあるが，ここでは不毛な対立論争や抽象的な議論に閉塞することなく，地球環境に基盤を置く私たちの生活の未来が，明るく展望できるようにするための前向きで，科学的方法論をたいせつにした環境倫理を学んでいくことにする．

[*8] 補説
◆人間非中心主義
人間以外の動物やその他すべての生物，さらには自然生態系全体に倫理の対象を広げ，その価値や権利を認めようとする考え．その範囲の広げ方により，生命中心主義（動物あるいは植物まで）や生態系中心主義（自然中心主義）などがある．

1.5　環境倫理が必要な背景

　応用倫理の一つの分野として環境倫理が取り上げられてきたが，その根底には，次のような背景がある．

　地球の誕生は今から46億年前である．地球に生命が誕生して40億年が経過しているが，私たちの生存基盤である地球環境，地球生態系は常に変化し続けている．

　500万年前に誕生した人類はアフリカで進化し，現生人類（ホモ・サピエンス）として約10万年前に全地球に拡散・移動を開始した．そして現在では，地球上で最も大きな存在となっている．人類が農耕を始めた1万年前の地球の人口は100万人にも満たなかった．しかし，西暦1800年に10億人となってから，地球の人口は急激な増大の途をたどり，2020年には約78億人に達している．

　18世紀後半から19世紀前半にかけてイギリスから始まった**産業革命**は，産業構造や社会構造を大きく変革させた．これを牽引したのは発明・発見と科学技術の大きな進展であった．さらに，20世紀後半に至り，先進国を中心とした工業化ならびに経済成長によって私たちの生活は飛躍的に豊かになった．

　一方で，大量生産・大量消費・大量廃棄ならびに資源の大規模収奪は，地球環境に大きな負荷を与え，傷つけてきた．その結果，地球規模での環境問題やそれにもとづく法規制を，後々の世代までをも考慮に入れて考えることが求められるようになってきた．人間が対象とする自然は自分の周りの狭い領域から，地域，都市・国家，さらには地球レベルへとより大きな拡がりを見せ，従来の方法では対応できなくなってきているといえる．

　1990年代半ば，**環境トリレンマ問題**が話題となった．その構造を示したのが**図1-5**である．環境問題は，人口増加・経済発展，資源・エネルギー・食料との関連でさまざまな問題を引き起こしており，環境単独で解決することは困難なケースが多い．たがいに**トレード・オフ**の関係にもなっている．

　かつて人類は，自然をなだめすかし，克服し，管理しようとしてきた．しかし，これからは自然に寄り添い，自然とうまく共生する知恵や技術が求められる．人と自然の関係はいかにあるべきなのか

が問われている．地球環境問題が複雑かつ深刻化している今日，人間が環境に影響を与えるすべての行為を倫理の対象とすることが必要な時代となった．私たちの文明社会そのもののあり方を根本的に見つめ直す必要に迫られている．環境問題の深刻化を解消するためには，新たな概念にもとづく倫理の確立が必要である．

　以上のような，環境問題の解決に倫理的配慮が不可欠となっている背景をひとことでいえば，将来にわたり，地球の自然あるいは環境を悪化させてはならないということに尽きる．環境への影響が大きい科学技術に身をおく人たちも，同時に，同じ地球に暮らす一市民であるということを忘れてはならない．

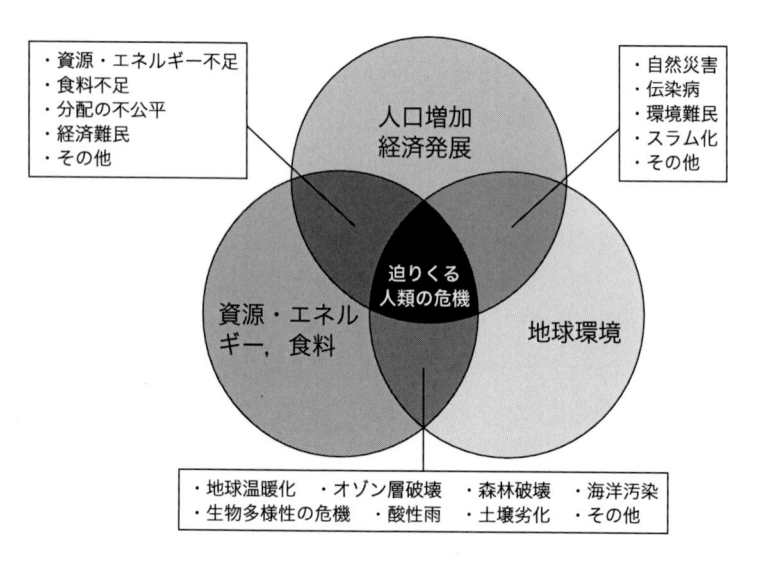

図1-5　環境トリレンマ問題の構造
電力中研 編『次世代エネルギー構想』（電力新報社，1998）p.53 より．

考えよう・話し合おう

- 自分の身の回りや仕事において，環境倫理の「三つの主張」にかかわってくる要素はないか探してみよう．
- 環境倫理について，特にどんな問題を深く考えてみたいか，具体的に挙げてみよう．

Technological Column No. 1

自然界における水と油

■**地表に取り出された油**

　地球は水の惑星といわれているほど淡水・海水を問わず水に覆われている．水は地球上に生息する生命体に必須のものである．

　一方，油はどうか．油といえばひと言でいえるが，大きく分けて生物（動物や植物）から得られる油と，石油のように元は生物体からであっても化石化（液状だが）されてできた油とに，はっきり分けて考える必要がある．前者は生物の短期間生活サイクルで生成する再生資源といわれるもので，後者は地球歴史的な長時間をかけてできあがる非再生資源といわれる．前者は地球表面付近に，後者は地中の深いところに存在し，お互い干渉することなく共存していた．

　しかし，人類が地中深くの石油を地球表面に取り出すことによって，いわゆる水と油の間にネガティヴな関係を生じさせたということができる．

■**油と水のバッティング**

　生物から得られる動植物油はほとんどが脂肪酸とグリセリンとのトリエステルであるのに対し，石油の主成分は炭素と水素からなる炭化水素であって，有機物でありながら「鉱物油」といわれている．

　このふたつが地表でバッティングすることによって環境問題が発生すると考えられる．具体的で最もわかりやすい例がタンカーの座礁事故による海岸汚染であろう．魚類や鳥類のみでなく，間接的に人類にも大きな影響を与えていると考えてよい．その際の原油除去によく利用されるのが乳化剤で，これが案外厄介な代物である．水に油をなじませる（可溶化，乳化）ので便利だが，しょせん水と油，本質的に同じ物質ではなく，後処理が問題となる．

　鉱物油に限らず，乳化剤（もしくは可溶化剤）は，昔から水と油を見かけ上の均一流体にして処理するのに使われる．家庭から排出される水と油の混合系は，この乳化剤（洗剤）のお世話になっている．この乳化剤が最終排水処理場でいろんな環境問題を引き起こしているのは周知のとおりであり，硬質洗剤の使用をやめ，微生物によって容易に分解できる軟質洗剤に代わってきた歴史がある．

　先に述べた原油処理についてもこの問題が当然付随し，環境負荷を考えざるを得ないだろう．

■**新たな「水と油」問題**

　石油枯渇問題を控えて，最近，頁岩オイルの取り出しが俎上に上がってきた．いわゆる水を注入して石油分を浮き上がらせようという考えである．この手段は今に始まったことでなく，昔から可能性のひとつとして論じられてきた．しかし経済的観点から机上の空論であるように取り扱われてきた経緯がある．しかし，現実味を帯びてくると，ここに水と油の分離や後処理に環境問題が浮上してくることを念頭に置いておかねばならない．

　水についての環境問題に関する課題が，各分野の英知の集約によって解決されてきた長い歴史を思い起こす必要があろう．

　河川や湖沼の汚染問題を解決する道筋が見つかったように見えても，この問題は永遠の課題だといえる．近年は，鉱物油だけでなく，新しい動植物油や藻類の油まで開発されるようになった．そこに，広い意味で，油が環境におよぼす新たな問題が浮上する可能性を想定しておかねばならない時代に来ている．

I部 環境倫理の基本概念

2章 地球の有限性

　私たちの住むこの宇宙は，今から137億年前のビッグ・バンにより始まった．最新の知見によれば，70億年前ごろから宇宙は加速度的な膨張を続けており，未知の暗黒エネルギー（ダークエネルギー*1）がその膨張に大きな影響を与えているという．地球の誕生は46億年前である．間もなく地球に惑星が衝突し，月ができた．そして海ができ，その海の中で40億年前に生命が誕生した．

　現在，環境問題は地球レベルで考えることが求められている．さらに，地球の自然環境は，太陽や月の影響を大きく受けており，より幅広い科学の知見をもって考えることが必要である．本章では，そうしたとらえ方について考えていく．

　なお，地球史的視点から見た地球環境問題と環境倫理とのかかわりについては，補章「太陽・地球・生物・人類文明の歴史的かかわり」（p.179）を参照されたい．

*1 補説
◆ダークエネルギー
1998年，米欧豪の研究チームは，宇宙がどんどんスピードを上げながら膨張しているという観測結果を発表した．宇宙を膨張させる力が宇宙空間にあると考えざるをえず，この力のもとがダークエネルギー（暗黒エネルギー）とよばれる．さまざまな観測事実から，確かに存在すると考えられているが，正体は明らかになっていない．宇宙の質量密度のうち，私たちが見ることができる（電磁波で観測される）物質は，たったの4％であることが21世紀になって判明した．ダークマター（暗黒物質）が23％，ダークエネルギーが73％も占めている．宇宙の膨張加速を突き止めた3人には，2011年のノーベル物理学賞が与えられた．

2.1 宇宙船地球号

　地球は太陽から降り注ぐエネルギーを除くと，閉じられた有限な球体である．地球上のあらゆる生物は，その生命維持と再生を太陽からのエネルギーと地球上の有限な資源に依存している．

　アメリカの工学者であり思想家でもある**バックミンスター・フラー**は1950年代から地球を宇宙空間に浮かぶ宇宙船にたとえ，「**宇宙船地球号**」という表現を用いていた．1965年7月にジュネーブで開かれた国連経済社会理事会においてアメリカの国連大使アドライ・スティーブンソンが，私たちはみんな小さな宇宙船に乗った乗客だと講演し広く共感を呼んだ．

1966年にケネス・ボールディングは，『来るべき宇宙船地球号の経済学』を出版した．そのなかで，資源の有限性を考慮しない開かれた経済活動を，アメリカ西部開拓で目の前に広がる未開拓地を無限と考え，バイソンなどの開拓地在来の動物を絶滅近くまで駆逐して，土地を無残な姿に変えてしまったことにたとえた．それを「フロンティア（カウボーイ）経済」とよび，閉じられた有限な地球に対応した新たな経済システムおよび倫理システムの必要性を訴えた．

一方，フラーは1969年に『宇宙船地球号 操縦マニュアル（Operating Manual for Spaceship Earth)』[*2]を発表し，私たちはすべて，ちっぽけな宇宙船地球号の乗組員だとした．地球の直径は13,000 kmほどで，広大な宇宙ではほとんど無視してもいいような存在でしかない[*3]．そのうえ，生物圏（Biosphere）は地表面から上下10 kmを越えることはなく，地球を仮に直径1 mの地球儀にたとえれば，表面の上下1.5 mmのほんの薄い層でしかない．これが私たち生物の生活圏である．

地球上のあらゆる生物の生命維持ならびに再生は，太陽からのエネルギーに依存している．太陽と地球の位置関係は，地球上の生命維持システムにとっては絶妙なバランスにある[*4]．このような地球の優れたシステムを人間が知るようになったのは17世紀以降のことである．そして，このシステムを私たちは酷使し，汚し続けてきたことに，ごく最近になって気づいたのである．

フラーによると，私たちは取扱説明書のない宇宙船地球号に乗っており，自分たちのたいせつな未来に向けての能力を，過去を振り返りながら発見していかなければならないのだという．

フラーはまた，この地球には資源もエネルギーも十分すぎるほどあるが，ただその使い方が悪いのだという．より少ないものでより多くのことを成す技術を用いれば，欠乏は起きない．そのためには考え方を変えることが必要であり，グローバルに考え，思考の限界を打ち破らなければならないとしている．

理想主義的，楽観主義的といった批判もあるが，適切でバランスのとれた消費と成長のパターンが世界中でなされれば，地球の全住民（全乗組員）を養うことができることを示唆している．地球の人口が70億人を超え，なお増え続けるこの時代にあっても，今なおこの考え方は傾聴に値する．

[*2] 文献
バックミンスター・フラー（芹沢高志訳）『宇宙船地球号 操縦マニュアル』（ちくま学芸文庫, 2000).

[*3] 補説
一番近い恒星，つまりエネルギー供給源となっている母船「太陽」は，地球から1億4960万kmのかなたにある．太陽の次に近い恒星まではその10万倍の距離になる．

[*4] 補説
太陽は，広い銀河系の中で，常に地球とともにあり，その位置関係は，私たちを燃やしてしまうほどには近くなく，凍えるほどには遠くない．私たちが生きるのにちょうどいい位置関係にあるといえる．

2.2 地球の限界を考える

2.2.1 ローマ・クラブ報告書『成長の限界』

　地球の有限性を訴え，世界中に衝撃を与えたのが1972年に出版されたローマ・クラブ報告書『成長の限界——ローマ・クラブ「人類の危機」レポート』[*5]である．第二次世界大戦後，科学技術の進展にともなう急激な経済成長が，環境面でさまざまな破綻をきたし始めた時期であり，地球環境問題を考えるきっかけともなった．この時期の日本はといえば，1970年に大阪で万国博覧会が開催され，経済成長を世界に誇示した年であった．一方で，経済成長の暗部がさらけ出され，公害国会を経て1971年には環境庁が発足した（p. 147参照）．「日本列島改造論」が出されたのは1972年であり，この年にストックホルムで国連人間環境会議が開かれた（p. 98参照）．

　ローマ・クラブが発足したのは1968年である．当時実業家として著名であったアウレリオ・ペッチェイを中心に「地球の有限性」という共通の問題意識をもったヨーロッパの知識人によりローマで初会合を開いたのにちなんで，ローマ・クラブとよばれるようになった．天然資源の枯渇，公害による環境汚染の進行，発展途上国における爆発的な人口増加，軍事技術の進歩による大規模破壊兵器の脅威などによる人類の危機に対し，可能な回避の道を真剣に探索することがローマ・クラブ設立の目的であった．

　ローマ・クラブは，「人類の危機に関するプロジェクト」計画を作成し，このプロジェクトをマサチューセッツ工科大学（MIT）のシステム・ダイナミクス・グループに研究委託した．MITのデニス・メドウズ助教授を主査に国際チームが組織され，人口，食料，天然資源，資本，汚染といったある程度数字で把握できる五つの因子についてシステム・ダイナミクス[*6]というコンピューター・モデルを用いた「世界モデル」の構築が行われた．

　まず因子間のフィードバック・ループの構造からそれぞれの関係を定量化した．図2-1は人口，資本，農業，汚染のフィードバック・ループの例を示している．たとえば，人口を見ると，人口の増加は，一人あたりの食糧を減少させ，死亡率を増加させ，死亡数を増やし，結局は人口を減少せしめるという負の因果関係が読み取れる．

[*5] 文献
ドネラ・H・メドウズほか（大来佐武郎監訳）『成長の限界——ローマ・クラブ「人類の危機」レポート』（ダイヤモンド社，1972）

[*6] 補説
◆システム・ダイナミクス
マサチューセッツ工科大学（MIT）のJ. W. フォレスター教授により複雑なシステムのダイナミックな行動を理解するために開発された分析手法．

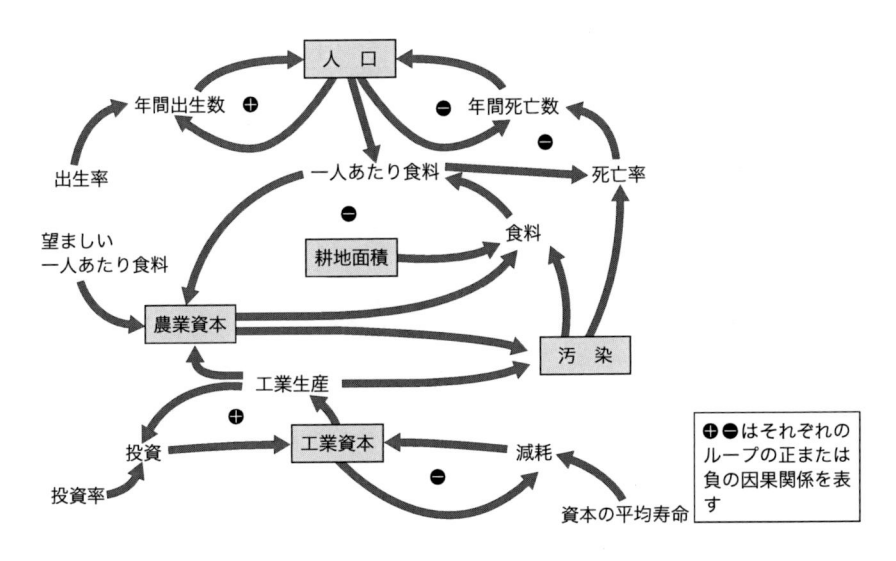

図 2-1 ローマクラブ報告書が示した人口，資本，農業，汚染のフィードバック・ループ
ドネラ・H・メドウズ『成長の限界』（ダイヤモンド社，1972）p.83 より．

　1900 年から 1970 年までのデータをもとにシミュレーションを行い，このままではまず資源が急速に減少してゆき，次いで一人あたりの食料と一人あたりの工業生産がピークに達する．続いて汚染のピークが現れ，少し遅れて 21 世紀中に人口成長曲線のピークが到来するという結果を示している（**図 2-2**）．そのうえで次のような警告をまとめている．

① 世界人口，工業化，汚染，食料生産および資源の使用の現在の成長率が不変のまま続くならば，来るべき 100 年以内に地球上の成長は限界点に到達するであろう．
② こうした成長の趨勢を変更し，将来長期にわたって持続可能な生態学的ならびに経済的な安定性を打ち立てることは可能である．
③ もしも世界中の人びとが，第一の結末ではなくて第二の結末にいたるために努力することを決意するならば，その達成のために行動を開始するのが早ければ早いほど，それに成功する機会は大きいであろう．

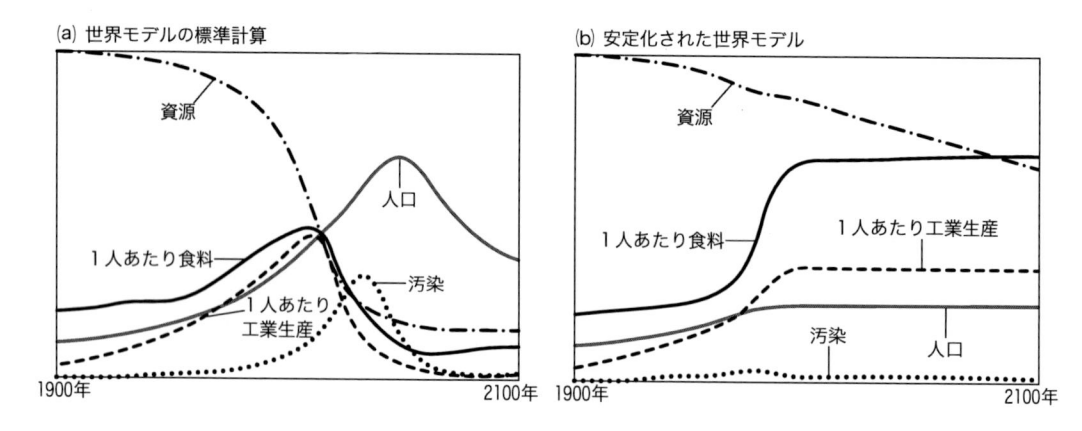

(a) 世界モデルの標準計算　(b) 安定化された世界モデル

図2-2 『成長の限界』の警告
ドネラ・H・メドウズ『成長の限界』（ダイヤモンド社，1972）p.105, p.147 より．

　世界モデルの成長をめぐる根本的な要因は，工業化と人口をめぐる過剰な正のフィードバックであり，この正のフィードバックが続く限り，工業と人口は際限なく幾何級数的に増大していく．破局を避けるためには，正のフィードバックを抑える方向で社会をつくり変えていく，すなわち人口と資本（ここでいう資本とはサービス，工業および農業資本を合わせたもの）が一定の**均衡状態**（**ゼロ成長**）にいくしかないとしている．

　定常状態[*7]にある社会の働きを高めるであろう技術進歩については，均衡状態においても必要なものであり，また歓迎すべきものであるとも述べている．

　『成長の限界』が発表されると，多くの批判もあった．しかし，当時の世界の多くの人びとが漠然と考えていた「地球の有限性と成長のバランスをいかに取るのか」という問題意識を顕在化させ，複雑かつ定量化の難しい要素を相関づけながら分析した結果を世界に広げた点は高く評価される．

2.2.2 『限界を超えて』

　『成長の限界』の著者らは，『成長の限界』から20年を経過して，地球の限界はさらに近づいたのか，あるいは遠ざかったのかを検証する目的で，1992年に2冊目の『**限界を越えて――生きるための選択**』[*8]を発表した．1972年以降の20年間の新たなデータを集め，

[*7] 補説
◆定常状態
「均衡状態」が毎期反復して継続する状態．

[*8] 文献
ドネラ・H・メドウズほか（茅陽一監訳）『限界を越えて――生きるための選択』（ダイヤモンド社，1992）

"ワールド3*9"によって解析した結果，技術改良や環境意識の高揚，環境政策の強化などが見られるにもかかわらず，多くの資源や汚染のフローが，持続可能な限界をすでに超えてしまっていることを示した．そのうえで，『成長の限界』で示した結論はなお有効であるが，補強が必要であるとして以下の補足を加えた．

*9 補説
◆ワールド3
マサチューセッツ工科大学（MIT）が，ローマクラブからの依頼に応じ，システム・ダイナミックス・モデルを分析するために開発したコンピューター・シミュレーション・ソフト．

① 人間が資源を消費し，汚染物質を産出する速度は，多くの場合すでに物理的に持続可能な速度を超えてしまった．物質およびエネルギーのフローを大幅に削減しない限り，一人あたりの食料生産量，エネルギー消費量，工業生産量は何十年か後にはもはや制御できない形で減少するであろう．
② しかし，こうした減少も避けられないわけではない．そのためには物質の消費や人口を増大させるような政策や慣行を広範にわたって改めるとともに，原料やエネルギーの利用効率を速やかにかつ大幅に改善することが求められる．
③ 持続可能な社会は，技術的にも経済的にもまだ実現可能である．持続可能な社会へ移行するには長期目標と短期目標のバランスを慎重にとる必要があり，また，産出量の多少よりも，十分さや公平さ，生活の質などを重視しなければならない．それには，生産性や技術以上のもの，つまり成熟，あわれみの心，智慧といった要素が要求されるであろう．

当時の地球は，過剰収奪と過剰排出による"オーバーシュート"，すなわち地球の環境収容力（p.25「地球の環境容量とエコロジカル・フットプリント」参照）を越えて乖離をもたらす"行き過ぎ"状態となっているとした．地球は有限であり，自然資源（**ソース**）も汚染・廃棄物の収容（**シンク**）も容量に限界がある．ソースとシンクの間には，原料とエネルギーの使用という人間の経済活動のサブシステムがあり，ソースからシンクへの絶えまないフロー（スループット）が存在する（**図2-3**）．このスループットの限界を正しく認識し，持続可能な速度を越えてはならないと警告した．大量生産・大量消費・大量廃棄という生活スタイルの改善を求めている．

『成長の限界』では，資源，食料，環境などのハードな面での考察に重点が置かれ，人間の社会や心理や政治制度といったソフト面で

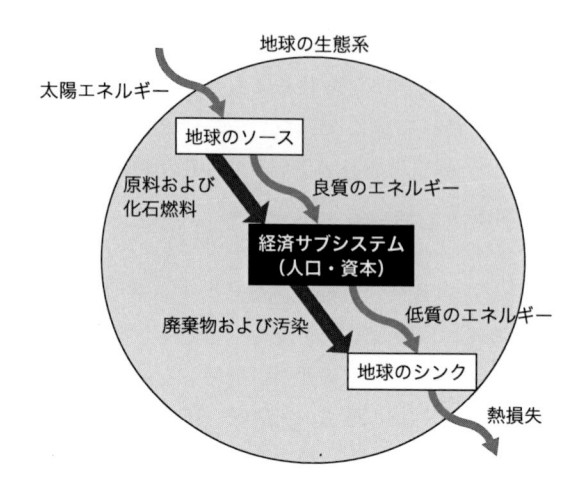

図2-3 地球の生態系のなかの人口と資本
R. Goodland et al, 1991〔『限界を超えて』(ダイヤモンド社, 1992) p.55〕より．

の考察に欠けるといった批判があった．そのため，著者らがそれまでの研究を通じて有益だと感じた五つの手段として，

① ビジョンを描くこと
② ネットワークづくり
③ 真実を語ること
④ 学ぶこと
⑤ 愛すること

を挙げ，この五つが持続可能な社会への移行を助けるとした[*10]．

2.2.3 人類の文明とエネルギー

生物はエネルギーなしに生きてはいけない．外から取り込んだ栄養源をもとにエネルギー貯蔵物質 ATP（アデノシン三リン酸）を合成し，これを分解してエネルギーを取り出し，生活・成長している．

文明もまたエネルギーなしに形成されることはなく，発展することもない．文明とはエネルギーが生み出す力を用いて人間が築いてきたものにほかならない．私たちの生活や社会に欠かすことのできないエネルギーと人類の文明のかかわりの変遷を眺めてみよう[*11]．

人類が今から50万年前に火を使用したことがエネルギーを手に

[*10] 補説
著者らはその後，2004年に3冊目となる『成長の限界――人類の選択』を出版しているが，2冊目の『限界を越えて――生きるための選択』に記された内容のくり返しで，新たなデータ解析結果や提言は見られない．1冊目の『成長の限界』はコンピューター・モデルを用いた科学的方法論での地球環境と人間社会の解析という視点が強かったが，シリーズが進むにつれて持続可能性を求める思想書的趣が強くなっている．

[*11] 補説
補章「太陽・地球・生物・人類文明の歴史的かかわり」も参照されたい．

入れた始まりであり，文明の出発点でもあった．1万年前，農耕の始まりとともに家畜を動力源として利用し始めた．その後のエネルギー源の変遷は**図 2-4**のとおりである．人類はこのように有史以来生存と文明発展のために常に自然界からエネルギーを得てきた．ごく最近まで，人類のエネルギー消費は自然界のもつエネルギー源全体からみればわずかなものであった．そのエネルギー消費が急増するのは 18 世紀以降，**産業革命**が始まってからである．

木炭に代わって 16 世紀より**石炭**がエネルギー源として利用されるようになり，その後の産業革命を機にさまざまな分野に石炭が多量に利用されるようになった．19 世紀後半，アメリカで石油の採掘方式が開発され，エネルギーの主役は石炭から**石油**へと移行し，流体革命とよばれるようになった．大量かつ安価に供給される石油

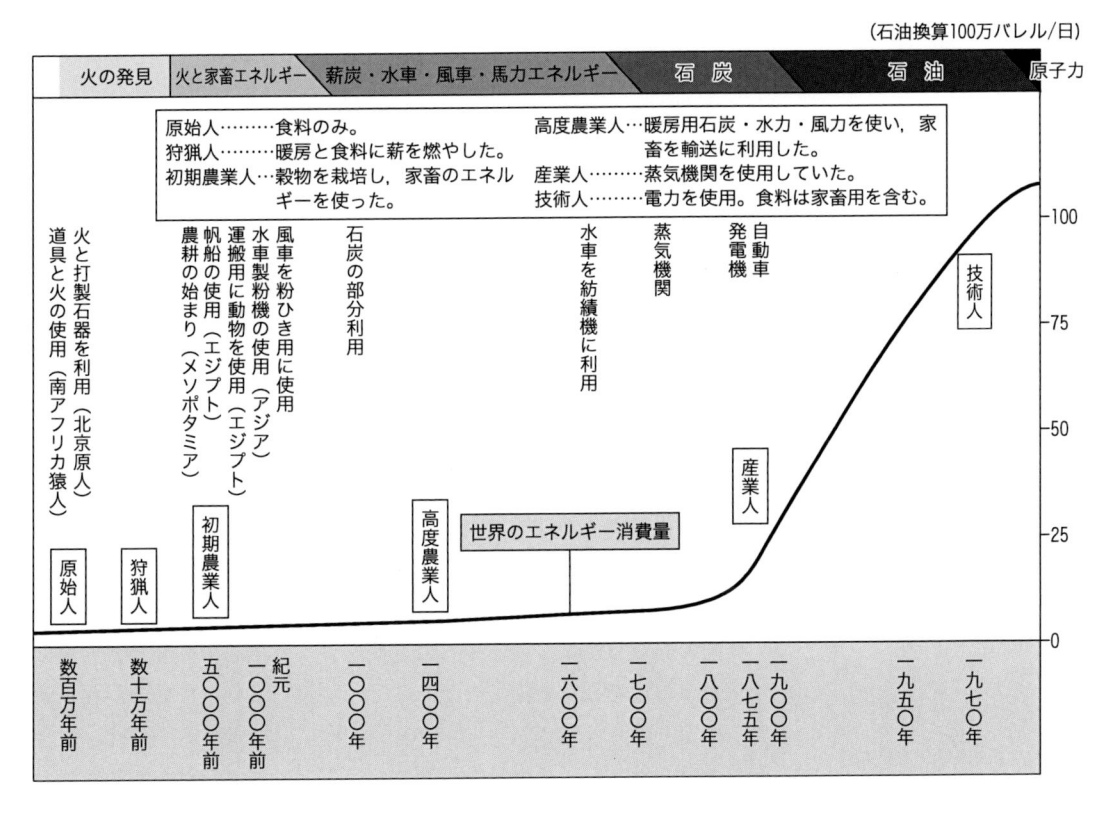

図 2-4 文明とエネルギー
『エネルギー白書 2006 年版』（資源エネルギー庁）を参考に作成．

I部 環境倫理の基本概念

は，エネルギー源として暖房用，交通機関，発電などの燃料として，またさまざまな化学製品の原料としてその消費量が飛躍的に増大した[*12]．現代の文明発展と豊かな生活は，この**エネルギーの大量消費**を抜きに語ることはできない．

しかし，エネルギーの大量消費は，資源の枯渇化や酸性雨，地球温暖化といった深刻な地球環境問題の原因となっている[*13]．

人口や食料とならび資源・エネルギーのあり方は，環境倫理を考えるうえでの重要な課題である．原子力をはじめ，天然ガス，水力，風力，地熱，太陽光などからのエネルギーを化石燃料の代替燃料として利用することが地球の有限性を考慮しながら模索されている．

[*12] 補説
エネルギー資源は化石燃料と非化石燃料に分けられるが，現在の全エネルギー需要の9割近くは化石燃料である．

[*13] 補説
詳しくは6章・7章で解説する．

2.3 人口問題

2.3.1 マルサスの『人口論』

地球の有限性を考えるうえで避けて通れないのが**人口問題**である．英国の経済学者**トマス・ロバート・マルサス**（1766〜1834）は，

> ① 食料は人間の生存に必要であること
> ② 両性間の情念は必然であり，ほぼ現在の状態であり続けると思われること

の二つの公準を認めたうえで，「人口は制限されなければ，等比数列的に増大する．生活資料は等差数列的にしか増大しない」，すなわち，「人口の力は，人間のために生活資料（食料や衣料などの生活物質）を生産する地球の力よりも限りなく大きい」とした．

マルサスはこの命題に対し，さまざまなデータを駆使して人口の原理を説いている．そのうえで，人口抑制の必要性を説き，当時の英国の諸救貧法は，より多くの貧民をつくり出しており，人口を抑制する作用を攪乱するものであるとして鋭く批判している．マルサスは1798年，32歳の若さでこの『**人口論**』[*14]を匿名で発表し，大きな衝撃を与えた．その後マルサスは，生前に『人口論』を6版にわたって改訂しており，人口問題に対しなみなみならぬ覚悟で取り組んでいたことがうかがえる．

[*14] 文献
マルサス（永井義雄訳）『人口論』（中公文庫，1973）

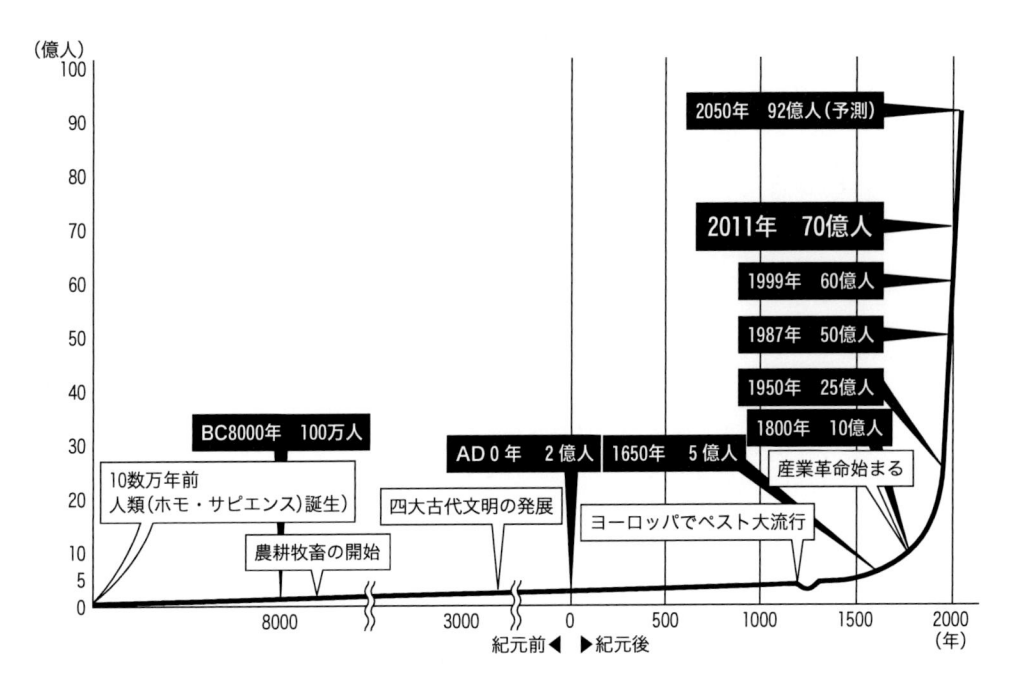

図 2-5 世界人口の推移（推計値）
国連人口基金の資料を参考に作成.

1798年当時の世界の総人口は10億人に達していなかった（10億人を越えるのは1804年である）．英国の当時の時代・社会背景を考慮しても，マルサスの人口問題に対する洞察は大筋において現代にも通用するものである．世界の人口推移（推計）を図 2-5 に示す．

2.3.2 人口問題への対策

マルサスが『人口論』を発表してから100年後の1898年，同じ英国において，サー・ウイリアムス・クルックス（タリウムやクルックス管の発見者）は，英国科学アカデミー会長の就任演説で「イギリスをはじめとするすべての文明国家は，いま死ぬか生きるかの危機に直面している．いま何も手を打たなければ人口増に食料生産量が追いつかなくなり，おびただしい数の人間が餓死するだろう」と述べた．そして，それを食い止める方法は一つしかない．大量の肥料を人工的に生産する方法を手に入れることであると提案した．1900年の世界総人口はまだ16億人を越えたところであった．

*15 文献
トーマス・ヘイガー（渡会圭子訳）『大気を変える錬金術』（みすず書房，2010）

　これに応えたのは，ドイツの化学者フリッツ・ハーバーである．彼は1909年，水素と大気中の窒素を原料にアンモニアを合成することに成功した[*15]．この方法は，ドイツの化学技術者カール・ボッシュとの共同研究により工業規模での製造プロセスとして確立された．**ハーバー・ボッシュ法**とよばれるこの技術により，初めて人の手によって空気中の窒素を直接に利用することを可能にした（それまで，空気中の窒素は一部の生物や雷によってしか固定化できなかった）．

　1913年に日産10トンのアンモニアを製造する工場がドイツで稼働してから，今日では世界中で年間およそ1億5千万トンものアンモニアが空気中の窒素を原料として製造されており，その8割以上が肥料の原料として利用されている．科学技術が飢餓を救った一つの例である．

　ただし，このようなすばらしい科学上の発見が両刃の剣になることも考えておかねばならない．人間は大量の窒素を利用しやすい形で手に入れ，品種改良や農薬の助けも借りて，かつてないほどの豊富な食料を確保することができ，世界中の多くの人口を養うことを可能にした．しかし，大量の窒素を含む肥料の氾濫は海や河川の富栄養化をも引き起こした．人間により地球の窒素の循環系は大きく変えられた．炭素循環とともに窒素循環にはまだまだわからないことが多い．科学技術の成果と地球環境とのかかわりをどう評価していくかはこれからの課題である．

　人口爆発といわれるが，有限な地球は，有限な人口しか収容できない．地球の最適人口は，当然この限界値（極大値）よりは小さい．過度の人口増加はさまざまな倫理的問題も引き起こす．

　ただし，地球人口の最適レベルをめぐってはさまざまな意見があり，人口抑制に対して国がとる政策もまた多様である．**家族計画**や**人口制限**については，国連人権宣言をはじめとして国際的には個人の自由に優越性を認めている．政策の選択肢を誤ると，結果として基本的な社会制度を変化させてしまったり，男女関係や福祉や家族構成を根本から変える可能性があることも考えておかねばならない．また，人口にかかわる政策の実行は，結果が長いタイムラグをもって現れることと，いったんある状態に移行すると簡単には元に戻せないことも考慮しておかねばならない．

2.4 地球の環境容量とエコロジカル・フットプリント

　地球は太陽から受けるエネルギーを除くと閉じた球体であることはすでに述べた．すべては有限であり，化学元素一つをとっても太古の昔から循環をくり返している．私たちの体をつくる元素は，今から6千5百万年前に絶滅するまで，地球上で1億5千万年の長きにわたり繁栄した恐竜の体をつくっていた元素であったり，あるいはラムセス二世やシーザーの体をつくっていた元素と同じであるかもしれない．地球上のすべての生物は生産者，消費者，分解者の役割を担いながら一つの物質循環の輪の中に組み込まれている．

　地球は有限であるので，当然そこには限界が存在する．この限界値を「**キャリング・キャパシティー（Carrying Capacity）**」（**環境容量**または**環境収容力**）とよんでいる．

　地球の環境容量は，一般的には環境汚染物質の収容力を指し，その環境を損なうことなく受け入れることのできる人間の活動や汚染物質の量を表している．これには，環境基準などを設定したうえで許容される排出総量を考えるものと，自然の浄化能力の限界量から考えるものとがある[*16]．生態学では，その環境が養うことができる環境資源（森林，水，動物など）の最大値を意味し，環境容量に達した資源は増えも減りもしない定常状態となる．地球上の人口で環境容量を考えるときは，地球が扶養可能な人の最大個体数を示す指標として用いられる．この場合は**人口扶養力**とよぶ．

　環境容量の定量表現は複雑な因子が絡まり合い簡単ではない．その定量化の試みとして，**エコロジカル・フットプリント**という指標がある．これは，1990年代に，カナダのブリティッシュコロンビア大学のウィリアム・リースとマティース・ワケナゲルにより，人間の生活がどれほど自然環境に依存しているかをわかりやすく示す指標として提唱された[*17]．人類が地球に与える負荷を，資源供給と廃棄物吸収に必要な生産性のある陸地および海洋の面積として計算したものである．通常，国家や都市などの地域集団ごとに，その経済地域で生活を維持（生産と廃棄）するのに必要な一人あたりの陸地と海洋（水域）の面積として示される．生産と廃棄を土地面積に換算するにあたっては，土地利用の形態をいくつかのカテゴリーに

[*16] 事例
環境基準を設定したうえで許容される排出総量を考える例としては，大気汚染防止や水質汚濁防止で人の健康にかかわる規制項目がある．一方，自然の浄化能力の限界量から考えるものとしては，河川や湖沼における生活環境保全にかかわるBOD（生物学的酸素要求量）やDO（溶存酸素量）などの項目がある．

[*17] 文献
マティース・ワケナゲル，ウイリアム・リース（池田真理訳）『エコロジカル・フットプリント』（合同出版，2004）

分けたり，貿易への配慮などさまざまな係数を用いる．そのデータソースには世界統計，国内統計などの数字が用いられるが，その計算は容易ではない．

WWFジャパンが公表した資料によると，2006年の世界のエコロジカル・フットプリントは171億グローバル・ヘクタール（gha）[*18]で，一人あたりのエコロジカル・フットプリントは2.6ghaであった．一方，同年のバイオキャパシティー（土地が供給できる再生可能な資源生産量と廃棄物吸収量：ある時点の地球の環境容量と考えてよい）は119億gha（一人あたり1.8gha）であった．地球はこの時点ですでに44％のオーバーシュートの状態にあることがわかる．図2-6aからわかるように，人類は1980年代前半にオーバーシュート状態に入り，その後，生態学的な負債が増えている．人類の生態系に対する需要が，地球の生命維持のための資源の枯渇化と汚染の蓄積を招いていることになる．

わが国では，2006年の一人あたりのエコロジカル・フットプリントは4.1ghaであり，世界平均の約1.5倍となっている（図2-6b）．アメリカは9.0ghaで世界平均の約3.5倍であった．

途中の計算根拠や計算に利用するデータの信頼性など，さまざまな課題があるものの，エコロジカル・フットプリントは日本でも白書などにも引用されるようになってきている．地球環境と私たちの

[*18] 補説
資源の生産と廃棄物を吸収する能力の世界平均値をもつ陸地と水域の1 haを1ghaと表現している．

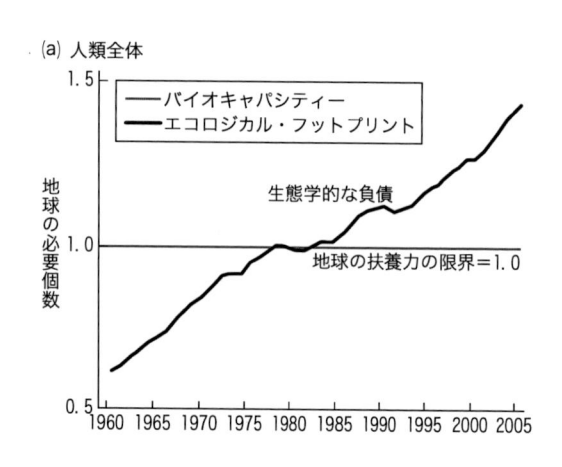

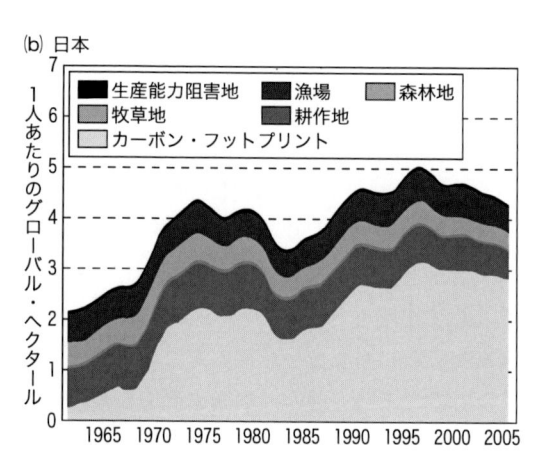

図2-6 エコロジカル・フットプリントの推移
『エコロジカル・フットプリント・レポート 日本2009』（WWFジャパン）をもとに改変．

生活との相関を見るときに，従来からの経済学的な通貨のフローによる評価にとどまらず，生態学的なフローを適正に評価している点は地球の環境容量の評価にとって意義があるものといえる．

私たちの物質的生活水準のレベルを落とすことなく，エコロジカル・フットプリントをバイオキャパシティーに引き戻すため，資源・エネルギーの利用効率を上げるとともに，廃棄がより少なく効率的になるよう，科学技術と政策ならびに意識の変革が求められる．

2.5 イースター島の教え

これまで地球の有限性について述べてきたが，最後にこの地球上で実際に起こった実例を示し，環境のもつ収容力を越えるとどうなるのかを考えてみる[*19]．

[*19] 文献
クライブ・ポンティング（石弘之ほか訳）『緑の世界史（上）』（朝日選書, 1994）

2.5.1 イースター島の発見

1722年の復活祭（イースター）の日に，オランダ人ヤコブ・ロックフェーンはヨーロッパ人として初めて**イースター島**に上陸した．発見された日にちなみイースター島と名づけられた．この島は，チリ沿岸西方3700 km，タヒチ東方4200 kmのところに隔絶された面積160 km^{2}の小さな火山島である．ロックフェーンがこの島で見たのは，荒れ果てた土地と，今日モアイ像とよばれる1000体を越える巨大な石像群であった（図2-7）．3000人ほどの島民はその前で祈りをささげ，貧しい住まいで原始的な生活を送っているという，不思議かつ悲惨な光景であった．

2.5.2 人類のイースター島への到達

この島に人が住みついたのは西暦500年ごろで，アフリカから始まった長く壮大な人類の地球全体への拡散・移動の歴史の最終段階であった．その住人はポリネシア人である．このとき島は森林に覆われていた．しかし，この島で生きていくには資源が乏しく，彼らが持ちこんだサツマイモと鶏を主体とする食事を余儀なくされた．

生活は単調で時間は十分にあった．そして島民は祭礼に明け暮れるようになった．多くの祭祀場がつくられ，それぞれに競って巨

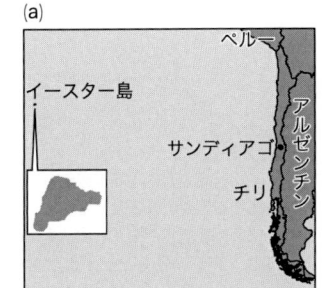

図2-7 イースター島の位置(a)とモアイ像(b)

な石像が立てられた．家畜をもたない彼らがとった石像の運搬方法は木の丸太をコロにして引きずっていくことであった．最盛期には島の人口は1万人を超えていた．

2.5.3 イースター島の悲劇と教訓

人口増大にともない，住居・暖房・調理・カヌー用などに木が伐られていった．そして何より，巨大な石像の運搬にさらに多くの木を必要とした．森林破壊は進み，島にはほとんど木を見ることができなくなってしまった．森を失った島からは，土砂が流出し，土地は痩せる一方であった．イースター島は一気に衰退の道をたどった．木はなく，カヌーもつくれず，環境破壊から逃れることができずに島民は隔絶された島に閉じ込められた．枯渇していく一方の資源をめぐって戦闘は絶えず，食料も絶え，タンパク源不足は喰人（カニバリズム）まで招いた．

イースター島の衰退と崩壊の原因は明らかである．島の人口と，資源利用の様式が，この土地が支えられる限界すなわち環境容量（キャリング・キャパシティー）を超えてしまったということである．環境容量が文明の盛衰とも密接な関係にあることは，他の地域のさまざまな文明崩壊の歴史的事例に見ることができる[20]．

いま，地球レベルの環境容量が問題となり，地球は有限であることを考えなければならない時代にいる．私たちは，はたしてイースター島の人々よりうまくやっていけるだろうか．

[20] 事例
イースター島のように環境問題と人口問題を引き金に戦争と内乱が増加して文明が崩壊した例として，中米ユカタン半島に栄え，今から1000年以上前に崩壊したマヤ文明などがある（ジャレド・ダイヤモンド『文明崩壊（上）』草思社，2005年を参照）．

> **考えよう・話し合おう**
> ● 「地球の有限性」と対立する技術の発展とはどんなものか．また，対立しない技術の発展はありえるか，考えてみよう．
> ● 大量生産・消費・廃棄を行う社会を変えるために何ができるだろうか．市民としての立場，科学者・技術者の立場，それぞれから考えてみよう．

Technological Column   No.2
宇宙から地球環境を考えてみよう

■宇宙の歴史と銀河系の誕生

この宇宙が誕生してから137億年が経過し，数千億個の銀河が存在して，銀河群や銀河団などを形成している．そして，太陽系が所属する天の川銀河は100億年前に誕生し，アンドロメダ銀河などと銀河群をつくっている．天の川銀河は棒渦巻き銀河で，2千億個の恒星などからなり，その直径は10万光年である[*1]．太陽系はその中心から2.8万光年のところに位置し，220km/sで銀河内を回転して，1回転するのに2億数千万年かかっている．

宇宙で銀河などが誕生できたのは，質量をもつが，各種の電磁波をいっさい放射しないダークマター（素粒子の一種と考えられている）が多く存在してくれたおかげである．その重力で通常の物質（陽子や中性子からなる物質）が集合でき，その結果，銀河などを誕生させることが可能になったと考えられている．

■太陽系形成と地球の特異環境

太陽系は，天の川銀河中に存在した水素が主体となって，46億年前に誕生した．太陽の寿命は100億年といわれている．そして，現在，太陽系の惑星中で地球のみが生命体に満ちあふれている．

これは，生物の生育や進化にとって，次に示すような地球のみがもっている特異な環境が非常に重要な鍵となったためだと考えられている．

①太陽の寿命が比較的長かったこと．
②太陽からの距離が生命体存在に適したハビタブルゾーンに入っていたこと．
③地球内部の鉄などの流体核の活動が活発で，陽子や電子からなる太陽風に対して強力な磁気圏のバリアをつくり，地球上の水分が宇宙に散逸されなかったこと．
④太陽系最大の惑星であり，水素を主体とする木星が恒星になれなかったこと（もし，木星の質量があと80倍ほど重くて恒星になっていれば，太陽との恒星どうしの連星系が成立していた可能性が高い．その場合，地球はその影響を直接受けて，現在のような恵まれた状態で太陽の周りを運行していくことは不可能であったと考えられる）．
⑤地球の外側の軌道に，巨大な気体の惑星である木星と土星が存在してくれたこと（太陽系のはるか先からくる小惑星や彗星などが地球に衝突する以前に，この二大惑星がその巨大な重力で，それらを受け止めていてくれたことが過去には多かったと推測できる）．

■宇宙の歴史から現在の地球環境問題へ

このように，長大な時間を経た宇宙の歴史のなかで，特別な条件が重なって，生命体にあふれるこの地球が誕生したのである．

しかしながら，現在の地球上に目を移すと，温暖化をはじめとして，さまざまな環境問題が多数発生している．これらの原因を引き起こしたものは，主として，たった数百万年ほどの歴史しかもたない人類とその社会である．そう考えると，われわれは，知恵をおおいに出し合って，かつ，科学技術をおおいに活用し，これらの問題を必ず解決していかなければならない．

*1　光は1秒間に30万km進み，1年間では9.5兆km（1光年）進む．

参考資料：家正則『銀河が語る宇宙の進化』（培風館，1993）
　　　　　谷口義明『宇宙進化の謎』（講談社，2011）

> I部 環境倫理の基本概念

3章 自然・生態系の保護

　本章では人間と自然との関係を倫理的な面から考えてみる．現在では，人間という限られた集団内部の権利と義務という枠を超え，自然を構成する各要素や自然全体の権利と義務を考えるようになり，倫理の対象範囲は拡大・進化してきた．その変遷を眺めていく．

3.1　自然の保全と保存

　20世紀初め，アメリカでダム建設をめぐり自然環境の「保全」と「保存」に関する論争があった．

3.1.1　ヘッチヘッチー渓谷論争

　19世紀末，サンフランシスコ市は人口増加による水不足の解消策としてダム建設を計画した．しかし，計画はなかなか進展しなかった．そんな折，1906年にサンフランシスコ市をM8.3の大地震が襲い数千人の死者を出した．地震にともなう火災発生に対し，消火のための水不足が被害を拡大させたと指摘され，ダム建設の計画は一気に進展することになった．そして1908年，ヨセミテ公園に隣接するヘッチヘッチー渓谷（**図3-1**）へのダム建設をめぐり建設賛成派と反対派の激しい論争（**ヘッチヘッチー渓谷論争**）が巻き起こった．アメリカ合衆国初代森林保護局長官であった**ギフォード・ピンショー**（1813～1914，**図3-2**）はダム建設に賛成した．一方，ルーズベルト大統領を説得してヨセミテ国立公園設置法制定に尽力し，環境保護団体シエラ・クラブを創設者した**ジョン・ミューア**（1838～1914，**図3-2**）はダム建設に反対した．もともと仲のよかったこの二人の論争は三代の大統領（ルーズベルト，タフト，ウィルソン）を巻き

図 3-1　ダム建設前のヘッチヘッチー渓谷

ギフォード・ピンショー
(Gifford Pinchot)

ジョン・ミューア
(John Muir)

図 3-2　ピンショー（左）とミューア（右）

込んだ5年にわたる大論争となった.

　国論を二分したこの論争は，計画から10年以上を経た1913年，ダム建設を議会が可決して決着した.

3.1.2　ピンショーとミューアの主張

　二人の論争は，自然環境保護に対する二つの支配的世界観を象徴している.

　ピンショーは，国の森林保護官としての立場から，「森林を管理す

るうえでの林務官の考えは，人間のためにそれを最大限に活用し永続させることにある．林務官の目的は長期にわたって最大幸福のためにそれを役立たせることにある」として，人口が急増し始めていたサンフランシスコ市への水道水源および水力発電用としてのダム建設に賛成した．公共の土地は大衆の必要と利用に役立つために存在すると主張した．

　また，当時のアメリカの森林は入植者たちの無秩序な開発で急速に減少していた．特に，一部資本家による収奪的な木材資源の伐採が横行していたという状況にあった．ピンショーは木材資源の保存を願っており，賢明な森林の利用を通して一部の富裕な少数者だけでなく，すべての市民が長期にわたり自然環境から利益と恩恵を受けられるよう，森を乱開発から守ろうとした．ピンショーのこの考え方は，功利主義の立場に立っているが，当時にあって極めて進歩的であったといえる．

　このような，利用のための自然保護を**保全**(Conservation)とよぶ．

　一方，ミューアは，ヨーロッパのロマン主義の流れを汲んで19世紀半ばにアメリカで起こった**超越主義**[*1]から強い影響を受けていた．ミューアの主張は，「他の生物がもっている本来の価値と同様に，原生自然の精神的，審美的（スピリチュアル）な価値は擁護されるべきであり，ヘッチヘッチー渓谷は，それを劣化させ損なうことになる人間の活動から保存され，保護されるべきである」というものであった．

　ミューアがとったこのような自然保護の立場を**保存**（Preservation）とよぶ．

3.1.3　保全と保存

　自然保護における「保全」とは利用のための自然保護であり，「保存」は美と尊厳を守るための自然保護といえる．そもそも，飲料水の必要性と，自然の宗教的な美には，価値判断のための共通する要素は見い出しにくく，比較は困難である．美や尊厳は，人間だけが抱く価値意識の表現であることを考えると，ここでの自然に対する「保全」「保存」はいずれも**人間中心主義**の考えであるといえる．

　ミューアがめざしたのは，森を国立公園として管理し，レクリエーションや教育，研究に利用することであり，後述するディープ・

[*1] 補説
◆超越主義
超越主義は，人間は物的現象を超越し，世界を一つに結合させるような宇宙的存在の潮流を認識することができると考え，いかなるヒエラルキーも差別も存在しないという共同体論の立場をとる．自然との受動的な一体化は西欧文明よりも東洋思想に通じるところがある．『自然について』のラルフ・ワルド・エマーソン（1803〜1882）や『森の生活——ウォールデン』のヘンリー・デイビッド・ソロー（1818〜1882）に代表される．

エコロジー（p. 41 参照）のように自然そのものに固有の価値があるとする生命中心主義や自然中心主義の立場は取っていない．

また，**原生自然**について，アメリカの「原生自然保護法」（1964年制定）では，「土地および生命共同体が人間による干渉を受けておらず，人間はそこに居留することのない訪問者としてのみ存在するような地域」としている*².

いずれにしても，自然保護運動と自然の開発のあり方についての方向を示したのはピンショーとミューアであり，その後に与えた影響と功績は非常に大きい．現在も「保全」と「保存」をめぐる同様の論争はいろいろなところで続いている．

*2 補説
舞台となったヘッチヘッチー渓谷はかつてアメリカ先住民の生活の場所であったことも忘れてはならない．

3.1.4 白神山地における論争

わが国でも，秋田県と青森県にまたがる**白神山地**の世界遺産登録をめぐって保全と保存の問題が起きている．白神山地は，原生ブナ林が広がり，多種多様な植物や希少動物が共生しており，1993年12月に世界遺産に登録された．

世界遺産登録後は，ユネスコの「生物圏保護区」の計画に従い，「保存地区」（コアゾーン）とその周辺の「保全利用地区」（バッファーゾーン）に分けられた．保存地区はいっさい人の手を加えない地区であり，保全利用地区は自然性を損なわない範囲で研究，教育，レクリエーションにも利用可とされた．

世界遺産登録前，秋田県側は保存地区への入林を原則禁止としていたが，青森県側は含みを残した措置としていた．その後，世界遺産登録後，青森県営林局が「入林禁止」の看板を立てたところ，これに対し，青森県側の自然保護団体などから強く反発があった．

手つかずの原生自然を保護するためには，入山を禁止し，原則として人の手を加えずに自然の推移に委ねることが必要となる．しかし，それは時に，生業，生活，レジャーなどといった人間の自然とのかかわりと，葛藤を生じさせることがある．自然保護のあり方は，地域の文化や風土あるいは歴史的経緯によっても異なるであろう．また，どの人たちまでが当事者なのかも考えなければならない．

わが国では，白神山地のほかに，屋久島，知床そして小笠原諸島が世界自然遺産に登録されている．それぞれ自然保護と人間とのかかわりに特別な配慮が求められている．小笠原諸島の世界遺産登録

にあたっては，登録前に島固有の動植物種の保存・維持のために徹底した外来種の駆除が行われた．その努力を今後も続けなければ，世界遺産としての原生自然の価値は維持できないであろう．

3.2 自然の権利

ヘッチヘッチー渓谷論争の後も，各地で自然開発にかかわるさまざまな論争や紛争が起きている．自然の権利拡張を問う代表的な事例からその論点を考えてみる．

3.2.1 木は法廷に立てるか？

1960年代後半，アメリカ合衆国森林局は，カリフォルニア州セコイア国立公園に隣接する原生自然地域にあるミネラルキング渓谷をレクリエーション用に開発するための入札を開始した．1969年1月，森林局はウォルト・ディズニー社のスキー・リゾート計画を承認した．計画では，1日あたり14,000人と予想される行楽客に便宜を図るため，モーテル，レストラン，ケーブルカー，そして電気・上水道施設が建設される予定であった．ウォルト・ディズニー社はさらに，国立公園を突き抜ける20マイルの幹線道路と高圧電線の建設も計画していた．

環境保護団体シエラ・クラブはこの計画に反対し，計画を承認したロジャース・モートン内務長官を訴えた．これに対する森林局の主張は，シエラ・クラブのいう原生自然の利用（ハイキング，狩猟，釣りなど）よりも，ウォルト・ディズニー社のリゾート計画のほうが，より多くの市民により多くの楽しみを与えることができるというものであった．

二審判決までは，原告シエラ・クラブには何の法的権利侵害も生じることがなく，訴訟要件である原告適格に欠けるとの理由で却下判決が下されていた．

南カリフォルニア大学法律学の教授であった，クリストファー・D・ストーンは最高裁判決に間に合うように一つの論文を仕上げ，担当判事の一人に送った．論文は，『木は法廷に立てるか？（Should Trees Have Standing?）』で，その内容は次のようなものであった．

> 人間の道徳的発展の歴史は人間の社会的本能や共感の対象を絶えず拡大してきた．権利はその保持者を損害から守るために機能し，権利保持者の名簿は絶えず拡大してきた．このことは，かつて白人の成人男性の地主だけが十分な法的権利を享受していたことをわれわれに思い出させる．現在では，法的原告適格者には，土地を所有していない人々，女性，黒人，アメリカ先住民，そして法人，トラスト，都市，国家も含まれる．今や，こうした保護を自然の事物にまで拡張するときである．

裁判は二審と同じく原告適格に欠けるとして原告敗訴に終わったが，裁判官の一人はストーンの論文を引用し，原告適格を認めるべきだとの反対意見を付した．ウォルト・ディズニー社は裁判長期化によるコスト増などのため，開発計画を断念した．

これをきっかけに，アメリカでは自然物を原告にした自然保護訴訟が起こされている．ただし，私たちが，自然の事物の利害や自然の事物への法的地位の拡張について，どこまで合意できるかについては，まだまだ議論の余地が残されている．

3.2.2 アマミノクロウサギ事件

わが国でも近年，同様の動きが見られ，そのきっかけとなったのが**アマミノクロウサギ事件**である．

1995年，奄美大島のゴルフ場開発をめぐり，環境保護団体や周辺住民が原告となり，特別天然記念物のアマミノクロウサギや希少動物のルリカケスなどの生存権が侵害されるとして，動物に代わり開発許可の取り消しなどを求めて鹿児島県知事を訴えた．

これに対し，鹿児島地裁は原告の提起した「**自然の権利**」の意義を一部評価したが，原告には法的利害関係が認められないとして訴えを却下した．原告は，島外の住民か，当該地域から6 km以上離れた場所に居住しており，開発で被害を受けるおそれはないとした．また，ゴルフ場予定地に住んでおらず，自然観察や自然保護活動をしている個人や団体は，行政訴訟法における法律上の利益を有する者の解釈から，林地開発許可を争う原告にはなれないとした．

わが国でも，この裁判以降，野生生物などが自然保護団体や周辺住民と並んで原告となるいわゆる**自然の権利訴訟**は続いているが，

裁判所は，現行法では自然動植物は当事者能力を有していないとして，これらの訴訟は却下されている．また，自然環境保護団体や周辺住民にも訴える利益がないとして当事者能力を認めていない．

3.2.3 自然の権利の拡張

アメリカの環境思想史家ロデリック・F・ナッシュ（1939～）は，『自然の権利――環境倫理の文明史』[*3]のなかで，自然にも権利が認められるべきだと述べており，歴史から見た権利拡張の概念を，これまでの経緯と倫理の進化からまとめている（図3-3）．

ナッシュは，道徳には，人間と自然との関係が含められるべきであるとしている．倫理学は，人間の専有物であるという考え方から転換し，むしろ，その関心対象を動物，植物，岩石，さらには一般的な自然あるいは環境にまで拡大すべきであるという思想が登場してきたと述べている．

このような自然の権利の変遷に，ミューアやストーンの主張は少なからず影響を与えている．これら思想の推移と流れをふまえ，動物の権利，土地倫理，ディープ・エコロジーについて考察する．

[*3] 文献
ロデリック・F・ナッシュ（松野弘訳）『自然の権利――環境倫理の文明史』（ミネルヴァ書房，2011）．原著は1989年．

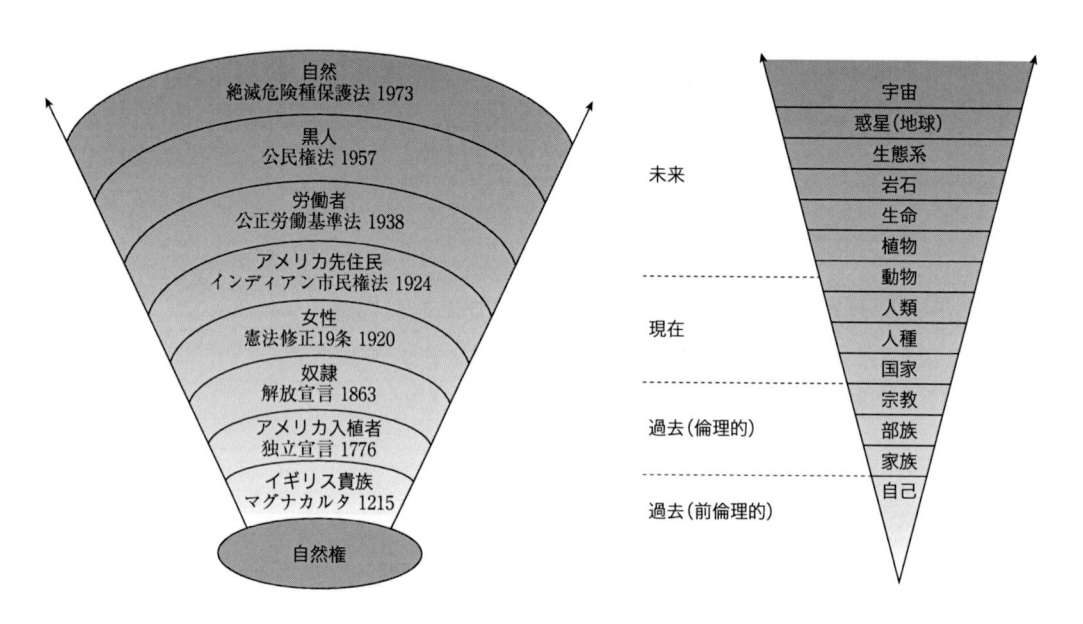

図3-3 ナッシュの考える権利概念の拡大（左）と倫理の進化（右）
ナッシュ『自然の権利――環境倫理の文明史』より．

3.3 動物の権利

動物の権利という難しい問題をめぐり，多様な視点からさまざまな主張があるが，代表的な二つの考え方を中心に述べる．

3.3.1 ピーター・シンガーの「動物の解放」

オーストラリアの哲学者・倫理学者ピーター・シンガー（1946～）は，1973年にベンサムの功利主義（p.6参照）をよりどころに「**動物の解放**」を提唱した[*4]．

ベンサムの功利主義の「最大多数の最大幸福」を支えているのは平等主義の精神であり，この幸福は快楽と苦痛を判断基準にしている．ベンサムはこの原理の適用を人間に限らず，快楽や苦痛を感じることのできる生物へと拡大した．

シンガーは，動物に対する差別的偏見を「種差別主義」とよび，黒人解放や同性愛者の解放といったさまざまな解放の延長線上に動物の解放を位置づけた．差別の境界線を，理性的に考えることや話すことに置くのではなく，苦痛を感じる能力こそが平等な配慮を受ける権利の必須要件であるとした．この平等の原理の適用を人間に限らず，動物にまで広げ，そのうえで，商業的大規模畜産，動物実験，毛皮の利用，スポーツ・ハンティングといった分野での動物に対する残虐な扱いを改めるよう求めている．

[*4] 文献
ピーター・シンガー（山内友三郎ほか訳）『実践の倫理 新版』（昭和堂，1999）

3.3.2 トム・レーガンの「動物の権利」

アメリカの哲学者トム・レーガン（1938～）は，カントの義務論（p.7参照）の延長上にある権利論から「**動物の権利擁護**」を行っている．シンガーは，苦痛を感じることができる感覚を道徳的配慮の基準とするのに対し，レーガンは，道徳的配慮は生命体の中にある内在的価値に由来するとした．生命の主体としての動物は，人間と同じように利害を考慮される権利をもつだけでなく，生存に対する自然権をもっているとの観点からその権利を擁護している．

シンガーもレーガンも，動物に負の影響を与えるさまざまな人間の活動を倫理的に非難している．ただ，レーガンはこれらの活動が引き起こす苦痛のためでなく，動物がもっている本質的な倫理的価

値を否定することによって動物の権利を侵害していると考える．このような面で，レーガンの求める動物の権利擁護はシンガーに比べてよりラジカルといえる．

3.3.3 動物の解放・権利への批判

動物への道徳的配慮については，シンガー，レーガン以外にも19世紀初頭のイギリスをはじめさまざまな主張がある．一方で，動物の解放や動物の権利擁護の論理はさまざまな矛盾も抱えており，多くの批判もある．

シンガーは苦痛を感じる境界線として，甲殻類のエビと軟体動物のカキの間に線を引いている．はたしてエビは苦痛を感じることができ，カキは苦痛を感じることができないとどうしていえるのだろうか．人間がそう判断して線引きしているにすぎないといえる．さらに，私たち人間の生命を他の種の生命よりも上位に置くような理論は拒否すべきだとして，人間のなかにも人格がないものもいるとする．この論には違和感を覚える人も多い．

また，レーガンは**菜食主義**を全人間に求めるが，それは非現実的であり，食物連鎖を前提とする生態学的共同体そのものが成り立たない．**動物実験**についても否定しているが，これは医農薬や化粧品などの安全性データ取得にとってきわめてたいせつである．培養細胞などを用いるさまざまな動物実験代替法が近年開発されているが，まだまだすべてを置き換えるにはほど遠い．

ただ，動物にかかわる権利や動物愛護については，道徳的行為の主体としての人間の義務が無視されがちであるという点や，これまで人間が多くの過ちを犯してきたことを見直すという点では，動物の権利に批判的な人たちも，シンガーやレーガンの主張に理解を示すことができるであろう＊5．

3.4 土地倫理

アルド・レオポルド（1887〜1948）は「**土地倫理**」（Land ethics）によって，生態中心主義の環境倫理を展開した．これによりレオポルドは環境倫理の父とまでよばれており，多くの人々に今なお大き

＊5 事例
たとえば，シンガーの『動物の解放』（人文書院，2011）は，工場畜産や動物実験などきわめて残酷な事例を多数紹介している．その後，改善はされているが，完全になくなっているわけではなく，将来的にもなくすことは困難であろう．このような事実に目をそむけることなく，感謝と供養の精神をもつことはたいせつであろう．野生動物を含め，人間と動物との関係を倫理的に考えることは，私たち一人ひとりの人間性を問うことでもある．

な影響を与え続けている．

3.4.1 アルド・レオポルドの自然とのかかわり

　1887年にドイツ系アメリカ人として生まれたレオポルドは，大学卒業後アメリカ合衆国森林局の森林管理官となった．毎日，森林を歩き鳥獣と接していた．当時は，政府の方針に従い，シカなどの狩猟鳥獣保護のために，オオカミやクマ，コヨーテ，クーガーなどの肉食獣を撲滅させようとしていた．

　しかし，1920年ごろには天敵のいなくなったシカが爆発的に増え，森林の植生に被害を与え，ついにはシカそのものの大量死が発生するようになった．レオポルドは大きなショックを受け，一つの動物だけを守ろうとしてもうまくいかないことに気づき，生態系全体のバランスがたいせつだと考えるようになり，土地倫理にたどりついた．

　そのきっかけとなったできごとが，レオポルドの死後（1949年）に出版された『砂土地方の暦（A Sand Country Almanac）』（翻訳本は『野生のうたが聞こえる』）のなかに"山の身になって考える"として記されている[*6]．

　レオポルドはこの原稿をまとめ上げた直後，ウィスコンシン川近くで起きた野火の消火作業を近所の人たちと行っているときに心臓発作に見舞われ亡くなっている．この本は三部構成となっており，レオポルドが森林官や大学教授として過ごした砂土地方の自然描写や自然に対する考えが語られている．第三部「自然保護を考える」の最後には「土地倫理」についての論文が展開されている．

3.4.2 レオポルドの土地倫理の概要

　レオポルドは，倫理とは，生態学的立場からは「生存競争における行動の自由に設けられた制限」であり，哲学的立場からは「反社会的行為から社会的行為を区別すること」と定義できるとした．そして，倫理は相互に依存し合っている個体なり集団なりが，おたがいに助け合う方法を見つけようと考え始めることが出発点となるとしている．生態学ではこれを**共生**（Symbiosis）とよんでいる．

　これまで，人間と，土地および土地に依存して生きる動植物との関係を律する倫理則は存在しなかった．土地は人間の所有物として

[*6] 文献
「……母オオカミが倒れ，子どもが一頭，越えられるはずもない崩れた岩場の方へと，脚を引きずりながら逃げていった．
　母オオカミのそばに寄ってみると，凶暴な緑色の炎が，両の目からちょうど消えかけたところだった．そのときにぼくが悟り，以後もずっと忘れられないことがある．それは，あの目の中には，ぼくにはまったく新しいもの，あのオオカミと山にしかわからないものが宿っているということだ．当時ぼくは若くて，やたらと引き金を引きたくてうずうずしていた．オオカミの数が減ればそれだけシカの数が増えるはずだから，オオカミが全滅すればそれこそハンターの天国になるぞ，と思っていた．しかし，あの緑色の炎が消えたのを見て以来ぼくは，こんな考え方にはオオカミも山も賛成しないことを悟った．」
アルド・レオポルド（新島義昭訳）『野生のうたが聞こえる』（講談社学術文庫，1997）p.205～206

権利を主張するばかりで義務を負ってこなかった．倫理の形態は，個人と個人の間から，個人と集団，社会，国家へと拡張されてきた．そしてその範囲を"土地"にまで広げていくのは，歴史的，生態学的な進化・発展という観点から当然の流れであるとしている．

　個人とは，相互に依存し合う諸部分からなる共同体の一員である．土地倫理とは，この共同体という概念の枠を，土壌，水，植物，動物つまりこれらを総称した"土地"にまで拡大した場合の倫理を指している．ヒトという種の役割を，土地という共同体の征服者から，単なる一構成員，一市民へと変えるものである．

　自然保護とは，人間と土地との間に調和が保たれた状態である．また，義務は良心をともなわないと意味がなく，社会的良心の対象を人間だけでなく土地にまで拡張することが求められる．生態学的な良心，すなわち誠実さ，愛情，信念における内面的な変化が起きないと倫理観の重大な変化は起きないという．

　このようにレオポルドの土地倫理は，自然と人間を二つに分けて考える二元論ではなく，ある土地に生きる人間と"土地"という言葉で表現される自然全体を，**生命共同体**を構成するものとしてとらえ，その全体を保護管理の対象にすべきとしている．それまで人間社会だけを対象にしていた共同体の概念を拡大し，土壌，水，植物，動物などすべての生命体全体を倫理的配慮と保護管理の対象とすべきとしている．

　その意味で，土地倫理は生態系をより包括的にとらえた全体論的な倫理といえる．したがって，生物個体の権利や解放よりも生命共同体全体の利益を優先させることに重点がおかれている．レオポルドの考えは，保全主義的な自然の管理をめざしており，生態系として全体のバランスを損なう可能性があることには反対する．一方，原生自然の保存のように，人間を排除した保護に対しても批判的である．

　論文の最後の「展望」で，「土地利用のあり方を，単に経済的に好都合かどうかという観点ばかりで見ず，倫理的，美的観点から見ても妥当であるかどうか調べてみることだ．ものごとは，生物共同体の全体性，安定性，美観を保つものであれば妥当だし，そうでない場合はまちがっているのだ」と述べている．

　土地倫理は，『野生のうたが聞こえる』のなかでレオポルドが最後

に示した短い論文であるが，そこに至るレオポルドの自然に対する愛情や尊敬の念がそれまでの第一部，第二部の文章の中に満ちあふれている．

3.5 ディープ・エコロジー

本章の最後に，人間非中心主義的環境倫理の典型的思想として「ディープ・エコロジー」を取り上げる．

3.5.1 アルネ・ネスの主張

ノルウェーの哲学者**アルネ・ネス**（1912〜2009）は，1972年に行った講演の内容をまとめ，1973年に『シャロー・エコロジー運動と長期的視野をもつディープ・エコロジー』を発表した．

そのなかで，先進国における環境保護運動は，近代物質文明や産業社会を前提とした人間中心主義にもとづいた環境汚染と資源枯渇に対する取り組みであり，主たる目標は「発展」を遂げた国々に住む人びとの健康と物質的豊かさの向上・維持におかれているとして，これをシャロー・エコロジー（浅いエコロジー）とよんだ．

これに対し，ディープ・エコロジー（深いエコロジー）は，環境問題への限定的で断片的なアプローチではなく，人間と自然が一体化した包括的な世界観をもち，人間もその他の生物もすべて等しく価値をもつという**生命中心主義**あるいは**生態系中心主義**の立場に立っている．ネスはこのディープ・エコロジーについて，論文のなかで，環境のイメージを原子論的なイメージではなく，関係論的で全体主義的なイメージでとらえること，原則として**生命圏平等主義**にもとづくこと，**多様性と共生**の二つの原理に基づくこと，反階級制度の姿勢をとること，環境汚染や資源枯渇に対する闘いを支持することなど，7つの原則にまとめている．

3.5.2 ディープ・エコロジーの展開

アルネ・ネスのディープ・エコロジーは，動物だけでなく植物までも含むすべての生物に対して均しく道徳的配慮を行い，また，個々の生物だけではなく環境を含めた生態系全体に対して配慮すること

をも説き，世界中のさまざまな環境保護運動を支える思想として多様な展開が図られている．

1984年，アルネ・ネスとジョージ・セッションズはディープ・エコロジー運動のプラットフォーム（基本合意事項）8項目を共同でまとめた．これは，ディープ・エコロジー運動の基本的な考え方を述べたもので，この運動の展開の原点を示すものである．

① 地球上の人間とそれ以外の生命が幸福にまた健全に生きることは，それ自体の価値（本質的な価値，あるいは内在的な固有の価値といってもよい）をもつ．これらの価値は，人間以外のものが人間にとってどれだけ有用かという価値（使用価値）とは無関係なものである．
② 生命が豊かに多様な形で存在することは，第一原則の価値の実現に貢献する．また，それ自体，価値をもつことである．
③ 人間は，不可欠の必要を満たす以外には，この生命の豊かさや多様性を損なう権利をもたない．
④ 人間が豊かにまた健全に生き，文化が発展することは，人口の大幅な減少と矛盾するものではない．一方，人間以外の生物が豊かに健全に生きるためには，人口が大幅に減ることが必要になる．
⑤ 自然界への人間の介入は今日過剰なものになっており，さらに状況は急速に悪化しつつある．
⑥ それゆえ，経済的，技術的，思想的な基本構造に影響をおよぼすような政策変更が不可欠である．
⑦ 思想上の変革は，物質的生活水準の不断の向上へのこだわりを捨て，生活の質の真の意味を理解する（内在的な固有の価値のなかで生きる）ことが，おもな内容になる．「大きい」ことと「偉大な」こととの違いが深いところで認識される必要がある．
⑧ 以上の7項目に同意する者は，必要な変革を実現するため，直接，間接に努力する義務を負う．

3.5.3 ディープ・エコロジーへの批判

　ディープ・エコロジー運動は，強制的な人口減少政策を求めたり，資本主義化された生産と消費を批判し反資本主義的革命を訴えたりしている．ディープ・エコロジー思想は，哲学としては意味をもっても，具体的な政策に活用しようとすると数々の矛盾に突き当たり，現実性に乏しいといった多くの批判にさらされることになる．

　ディープ・エコロジーは原生自然の保存運動のなかの単なる急進的な考えにすぎないとか，科学の位置と姿勢を正しく理解していないとか，人間の自由を束縛・剥奪しているといった批判である．

　環境問題において，人間の利害関係と人間以外の自然界の構成要因の利害関係とが対立する場合にはどうすべきなのかという難しい問題にしばしば直面する．このとき，どちらの味方をしてもディープ・エコロジーの立場からは矛盾に陥る可能性がある．ただ，ディープ・エコロジーは私たちの内面の宇宙観や価値観に根底を置いており，環境問題を最も根本的なところから解決するための課題を提起している点についても留意しておきたい．

　フランス生まれのアメリカの生物科学者ルネ・デュボス（1910～1982）は，1968年に『人間であるために』[*7]のなかで，「人間の観点からいうと，文明化された自然は，不変のまま保存される対象とみなされてはならないし，支配と開発の対象ともみなされるべきではない」として，「理想的には，人間と自然は非抑制的で創造的にはたらく秩序に組み込まれるべきである」と述べている．人間としての自然に対する最も妥当な対応のあり方を的確に表現しているように思われる．

[*7] 文献
ルネ・デュボス（野島徳吉，遠藤三喜子訳）『人間であるために』（紀伊國屋書店，1970）

考えよう・話し合おう

- あなたに関係する分野で，研究活動や産業活動などと自然の権利が抵触した事例はないか，その結果どうなったか，調べてみよう．
- 動物の権利をふまえたうえで，動物実験は許されるだろうか．そのように考える理由も説明してみよう．

Technological Column No.3
発光生物の生態とその技術的利用

■GFPがもたらした革命的な進展

2008年のノーベル化学賞を受賞した下村脩博士は生物発光研究の世界的権威者で，いろいろな発光生物の発光物質（ルシフェリン）の構造式ならびに発光メカニズムを報告している．

そのなかでもルシフェリン発光メカニズムの研究とオワンクラゲの緑色蛍光タンパク質（GFP）とイクオリンの発見は特筆すべき業績である．特にGFPは，遺伝子工学の進展と蛍光タンパク質の研究進化により生命科学の分野に革命的な進展をもたらし，現在ではなくてはならない研究ツールの地位を確保しているといっても過言でない．

下村博士がGFPはタンパク質であることを解明したことを契機に，GFPをつくる遺伝子の単離が進んだ．生物を光らせる方法として，細胞から取り出したプラスミドに遺伝子工学的手法でGFPをつくる遺伝子を導入し，細胞に戻す．すると，目的とする遺伝子とGFPをつくる遺伝子の設計図から，生物体内でタンパク質がつくられる．できたタンパク質にはGFPが組み込まれているので紫外線で蛍光発光し，ビジュアルな観測が可能となる．

現在では，がん細胞にGFPを組み込んで，がん転移の様子を生きたままの状態で追跡観察できる．また，医薬の開発過程では薬効の程度を肉眼で把握できる．最近話題のiPS細胞でも，このGFPを皮膚細胞に導入し，数百万個の細胞のなかから蛍光を出す細胞を目印に集めて万能細胞であることを確認している．

■消えたオワンクラゲ

ところで，下村博士がオワンクラゲの発光物質の研究で20数年間にわたりオワンクラゲを延べ85万匹も採取をしたことは有名なエピソードとして語り継がれている．

研究に着手した1962年当時は，オワンクラゲが非常に豊富で，時として群れを成して漂っている様子を写真で見ることができる．

家族総出でオワンクラゲを一生懸命採取していたとき，土地の人から「クラゲをとるならLady Smithに行きなさい．そこに行くと海のクラゲの上を歩ける」と聞かされたとのこと．話は大げさだがそれほどたくさんいたということを物語っている．

ところが，一連の研究が終了した1990年ごろにはあれほどたくさんいたオワンクラゲが突然消えうせ，以後，2，3匹のクラゲを採取するのも容易でなくなったそうである．

■自然の恵みを生かす

下村博士は，その原因を，地球温暖化による水温変化の影響か，あるいは1989年に起きたオイルタンカー（エクソン・バルディーズ）の事故による海底汚染による可能性があると推定しておられた．

そして，「仮にこのような現象が20年前に発生していたら，GFPやイクオリンは発見されず，現在のGFPをはじめとする蛍光タンパク質のツールは存在していない」，「天は自分を使ってGFPを人類に与えたような気がする」と講演会で話された．私はこれを聴き，ある種の宗教的な「天」を感じたが，博士はそのとき「天は自然である」といわれたのが印象的であった．

今後も，科学的研究によって，自然界の生物由来の現象から人類に貢献する成果を得ることがおおいに期待される．それも，われわれ人類が自然から受ける恵みなのである．

環境と世代間倫理

4章

　本章では，環境倫理の三つの主張（p.9 参照）の一つである世代間の倫理について考える．前章では，環境に対する倫理的配慮の対象を空間的な拡がりのなかで見てきたが，ここでは時間を軸とした拡がりのなかで環境倫理を考える．

4.1　時間軸で考える環境倫理

4.1.1　過去，現在，未来世代の利害

　マット・リドレーは著書『繁栄』[*1]のなかで，過去に比べ今日の私たちの生活はさまざまな面ではるかに豊かになっていると述べている．富裕層は豊かになり，貧しい人もより豊かになっているという．これは平均寿命をはじめ，さまざまな指標のこの50年間の推移を見れば明らかである．現代の私たちの食事は，1700年当時にヴェルサイユ宮殿にいた太陽神ルイ14世がとった食事と比較しても，決して見劣りするものではない．むしろ，今日スーパーマーケットで手に入る食品のほうが，おそらくサルモネラ菌に汚染されている可能性は低いだろうとも述べている．

　過去を振り返るとき，いまの私たちの生活やその環境は格段に進歩し，豊かなものだと誰もが実感できるに違いない．しかしながら，未来を想像するとき，将来の人々の生活は今より悪くなっているのではないかと心配したり，予測したりする傾向にあるのはどうしてだろうか．私たちの子や孫くらいまではその生活の質を落とさないようにと私たちは気にかける．しかし，5代，10代，さらに遠い未来に行くにしたがい，いまの私たちが責任を感じるレベルが下がってしまうのはしかたのないことなのだろうか．

[*1] 文献
マット・リドレー（柴田裕之ほか訳）『繁栄——明日を切り開くための人類10万年史（上）』（早川書房，2010）

この50年間，地球環境問題に関して，大気汚染，水質汚染といった公害，オゾン層破壊，地球温暖化，砂漠化，熱帯雨林の減少，有害物質の拡散，資源の枯渇化，生物多様性の喪失など，さまざまな問題点が指摘されてきた．ただ，21世紀に入り，多くの反省をふまえてかなり改善されてきた部分もある．しかしこれで十分というにはほど遠い．すでに述べたように，環境問題は複雑に関係し合っている．さまざまな個別のデータやさまざまな人たちの意見に惑わされることなく，科学的根拠をもって全体の傾向をつかんでおくことが大事である．

そして，今のこの地球を，遠い未来の人たちに自信をもって託せるようにしなければならない．そのために環境問題における**世代間倫理**がたいせつになってくる．人口，資源，エネルギー，廃棄物，環境破壊，地球温暖化，生物多様性の喪失などといった地球環境にかかわる問題は，私たちの現在の営みが**未来世代**に決定的な影響をおよぼすとの観点に立つことが求められる．

4.1.2 世代間倫理の背景と本質

世代間倫理とは，未来の人々に対する**現在世代**の私たちの"義務"や"責任"を明らかにしようとする作業といえる．天然資源の枯渇やさまざまな環境汚染の影響を受けるのは未来世代の人たちであるという観点が世代間倫理を考える基礎になる．

未来世代のために資源や環境を守るには，現代世代の義務と責任をいかに位置づければいいのであろうか．そして，どう行動すればいいのであろうか．今という時間をともに生きる私たちの「**共時的**」倫理を，未来世代の人たちとの「**通時的**」倫理へと変える発想がなければ，世代間倫理の問題点は見えてこない．

4.1.3 未来問題の難しさ

世代間倫理を考えるとき，未来であるゆえのさまざまな問題が立ちはだかる．そのいくつかの問題点を以下に考察する．

❶ **不可測性**
私たちは未来を予測することはできない．まだ見ぬ未来の人たちがどのような生活をし，どのような価値観をもっているのかも想像

の域を超えることができない．資源の枯渇や地球環境の悪化の状況についても正確に予測できない．もしかすると，これからの発明・発見や科学技術・経済活動の進展が，現在の私たちが未来の人たちの生活に対して抱く不安を杞憂に終わらせているかもしれない．

❷ 未来世代との相互性

時間を共有してともに生きる現世代の人どうしは，おたがいの倫理を基盤として**相互性**が成り立つことを前提としている．倫理が相互の契約にもとづく互恵性の関係であるならば，まだ見ぬ遠い未来の人たちと現世代の私たちとの間にはそのような関係は成立しない．相互性の欠如は，権利と義務，契約関係などの倫理を考えるうえでの基本的な概念に影響を与える．これが世代間倫理の問題を難しくしている．

❸ 時間軸と不確実性

未来といってもその時間軸によってさまざまである．そしてそれらは連続性をもったものである．未来世代に対して負う義務といっても，私たちの子や孫などの相対することが可能な未来世代と，10世代，30世代離れた遠い未来の世代の人たちとでは，負う義務が自ずと違ってくるであろう．時間的な位置と未来世代に対する私たちの無知，あるいは彼らにつきまとう不確実性のために，私たちが世代を超えてその権利と義務を理解することの難しさがある．

❹ 時間選好

人間は**時間選好**をもつ存在である．たとえば，私たちは，50年後よりは30年後，30年後よりは10年後と，現在に近いほどその価値をより高く評価しやすい．経済でも，未来の価値を評価するとき，一定の割引率をもって現在の価値に引き戻すという手法が一般に行われている[*2]．しかし，将来の価値を割り引くという考えは，いくら割引率を小さく見積もっても，遠い将来の価値を限りなくゼロに近づけてしまうことになるため，環境問題や人の健康や生活の質を考えるときには適切でないと考える人は多い．

❺ 世代間の分配と優先度

たとえば，枯渇性資源を未来世代のために保全しようとすれば，その分，現在世代に辛抱を強いることになる．現状の地球上における南北問題などは同世代間での資源の分配における問題であり，未来世代の権利を守るよりも現在の人たちの利益を優先するべきでは

[*2] 事例
経済学の世界では，未来の価値を現在の価値に引き戻すとき，「割引率」の概念を用いる．割引率は，よく知られる「複利」を逆さまにしたものである．
総額 P_0 を利子率 i で投資したとき，時間 t 後には P_t に増えている．
$$P_t = P_0 (1+i)^t$$
未来の価値を割引率で考えると，
$$R_t = R_0 (1+d)^{-t}$$
d は割引率である．お金を借りるときの利子率と考えてもよい．今，1万円借りて，利子が6％のとき，借入終了期間（1年）が終了した時点では最初に9400円しか融資を受けていないことになる．

ないかという議論も成り立つ．何を，どのように，どの程度，未来世代に割り振るかの量的バランス，あるいは優先順位でも異論が出るかもしれない．

しかし，一方で，未来世代の人の数は現世代より圧倒的に多く，さらに後々の世代になるほど，前の世代が消費した残りの枯渇性資源を彼らの間で分配しなければいけないということにもなる．

4.2 世代間倫理へのアプローチ

世代間倫理を考えるうえでのさまざまな問題点について触れてきた．このような問題があるとしても，未来の人たちの権利と生活の質の向上を尊重すべきであるということに多くの人たちは理解を示すであろう．

さまざまな未来問題の難問を乗り越えて，世代間倫理を根拠づけるためのアプローチがある．以下に代表的な考え方を示す．

4.2.1　ハンス・ヨナスの「責任という原理」

ドイツの実践哲学者ハンス・ヨナス（1903〜1993）は，『責任という原理——科学技術文明のための倫理学の試み』[*3]を発表し，現代の地球環境問題を考えるうえでの重要な視点を提供している．そのなかで世代間倫理（未来倫理）についても述べている．ヨナスは，現在においていまだ存在せず，現在の世代とは相互性が成り立たないような未来の世代を権利主体として認めることができるのかという難問に対し，「**人類の存続そのものへの価値**」と「**親の子に対する無私の責任**」を用いて次のように説いている．

従来の倫理は人間と人間の直接的な関係であり，基本となるのは「今」と「ここ」である．しかし，科学技術の進展は人間の行為の本性を変えてしまう．技術の集団的，累積的な歩みがもたらす可能性は新しい倫理を必要とするようになり，「今」と「ここ」から，人間の責任の範囲を空間的にも時間的にも拡大させた．すなわち，全自然，全未来へと倫理の対象を拡げた新しい倫理には，未来を認識する義務や未来世代の不幸を感じ取る能力が要求される．

ヨナスの考える**未来に対する義務**，すなわち**未来倫理**は，相互性

[*3] 文献
ハンス・ヨナス（加藤尚武監訳）『責任という原理——科学技術文明のための倫理学の試み』（東信堂, 2000）

にもとづく伝統的な「権利と義務」の考え方*4からは出てこない.

人類が存在し続けるのは人類にとっての無条件の義務である（人間個人が生存し続ける義務は条件つきの義務であり，混同してはならない）．しかし，権利を要求できるのは，現に今，生存しているものだけに限られる．今存在していないものは，権利要求を掲げることはできないし，その権利が侵害されることもない．

そもそも，実際に存在しないものに，存在する権利はあるはずがない．存在する権利は，存在するようになって初めて生じる．しかし，このようにまだ存在しないものにこそ，私たちの求める倫理はかかわってくる．この**倫理の責任原理**は，権利という観念からも，相互性という観念からも完全に自由でなければならない．

相互的でない原理的な責任と義務が自発的に承認され，かつ実践されている事例として，子どもに対する親の責任と義務を挙げている．将来の人類に対する責任も，そうした種類の義務である．

将来の人類に対する責任をまとめると，次のようになる．

> ① 私たちは，将来の人類の生存（存在）に対する義務を負っている．
> ② 私たちは，将来の人類のあり方（どのように存在するのか）に対する義務も負っている．

私たちは過去からの影響を強く受けている．そして未来に対して大きな影響を与える存在でもある．

4.2.2　ロールズの「正義論」

アメリカの政治哲学者ジョン・ロールズ（1921〜2002）は，『正義論』*5の中心主題として，公正の正義にかかわる二つの原理を提示している．

● 第一原理（平等な自由の原理）

各人は，平等な基本的諸自由の最も広範な制度枠組みに対する対等な権利を保持すべきである．ただし最も広範な枠組みといっても無制限なものではなく，他の人々の諸自由の同様に広範な制度枠組みと両立可能なものでなければならない．

*4 補説
AがBに対して「義務をもつ」ということは，BはAに対して「権利をもつ」．すなわち，権利と義務は相互の関係にある．未来倫理では，この基本的な権利と義務の関係が成り立たない．権利と義務の主体者どうしは相まみえることができず，契約を交わすこともできない．

*5 文献
ジョン・ロールズ（川本隆史ほか訳）『正義論』（紀伊國屋書店，2010）

● 第二原理（格差是正原理と公正な機会均等の原理）

社会的・経済的不平等は次の二条件を満たすように編成されなければならない．
（a）そうした不平等が最も不遇な人々の期待便益を最大に高めること．
（b）公正な機会の均等という条件のもとで全員に開かれている職務や地位に付帯する（ものだけに不平等をとどめるべき）こと．

わかりやすくいうと，第一の原理は，各個人は他者の自由を損ねない範囲で，基本的な自由を享受する権利があるとするものである．第二の原理は，社会的・経済的不平等はそれが最も不遇な立場に立つ人々の便益を高めることに役立つ限りにおいて容認され，あわせて公正な機会均等のもとで正義となるというものである．

ロールズは，この正義の原理に従った社会の構築は，かつてロックやルソーらが提示した仮想的な社会契約から導かれうるとした．

伝統的な社会契約説における自然状態に対応するものが，平等な**原初状態**（original position）である．原初状態では，社会における自分の境遇，階級上の地位や社会的身分についてだれも知らないばかりでなく，もって生まれた資産や能力，知性，体力についても知らない．すべての当事者を道徳的人間として同じ位置に置き，平等に扱う．原初状態で，望ましい社会を選択して契約すると仮定するとき，ロールズが**無知のヴェール**（veil of ignorance）とよぶものの背後で契約しなければならないという重要な条件が付け加えられる．言い換えれば，だれもが最も不遇な立場の人間になる可能性を認めたうえで，どういう社会を選ぶかを問う．そうすればだれもが正義の二つの原理を認めるはずだという．

また，現世代が後続世代の権利要求をどれほど尊重しなければならないかについては，原初状態と無知のヴェールによって，任意の一つの世代がすべての世代を気づかうことを確保できるという．

ロールズの仮想的な条件をともなう正義の二つの原理から環境問題の世代間倫理に意味づけを行うことについては，さまざまな異論も見られるが，複雑さを増す現代社会および未来世代に対して，ある面では説得力をもつだろう．

4.2.3 自己愛からのアプローチ

ウオルター・C・ワグナーは，「未来に対する道徳性」と題する論文のなかで，未来に対する義務の合理的根拠は**人間の本性**にあるとしている．人間は生物的・文化的に進化してきた社会的動物である．また人間はその本性上，過去を振り返るとともに，未来を志向することができる．

オペロン説の発見でJ. モノーとともに 1965 年にノーベル生理学・医学賞を受賞したフランソワ・ジャコブは次のように述べた[*6]．

> 生物は，あと一瞬にせよ生き続けるという保証なしには，生きることができない．どんな行為や思考も，次に起こることと関連している．人間にとって，生きる行為は，未来と一体化している．

ワグナーは，未来と深い関係になり，未来に対する関心をもつことが現在の私たちを助けるのだという．**自己愛的な現在が未来に依存している**ということは，未来に対する私たちの働きかけが，現在における私たち自身の自己実現を増大させるという働きをもつということである．私たちは，自己愛的な理由から，現在において自己を可能な限り実現するために，未来に向かって行為をなすべきである．こうしたつながりこそが，未来に対する義務の基本だという．

4.2.4 未来世代との社会契約からのアプローチ

現在の人々と将来の人々との社会契約は不可能であるという主張が多いなか，シュレーダー・フレチェットは「テクノロジー・環境・世代間の公平」(1990) で，世代間の相互性は可能であるとし，現在世代と未来世代との間に社会契約が存在し得ると主張している[*7]．

その例のひとつとして，ピーター・フォークナーの「現在の世代は，……（われわれの先祖たちが）彼らの後の世代に捧げてきたのと，またわれわれの現在の幸福を可能にしてきたのと同じだけの関心を，質的にも量的にも子孫に対してもつべき義務がある」を援用している．これは日本における"恩"の概念に通じるものであると述べている．

そのなかに**世代間の契約を可能にする互酬性**があるとし，これにより，現在の人々と将来の人々とは一つの契約を有し，未来の世代

[*6] 文献
フランソワ・ジャコブ（原章二訳）『ハエ，マウス，ヒト——生物学者による未来への証言』（みすず書房，2000）

[*7] 文献
シュレーダー・フレチェット編（京都生命倫理研究会訳）『環境の倫理（上）』（晃洋書房，1993）

は権利をもつことになると考えている.

しかしながら，契約は，当事者どうしのある目的を達成するための合意にもとづいており，当然拘束力をも生み出す．それは共時的な合意形成によって正当化されるものであり，大きく時間を隔てた未来世代と通時的な利益享受と義務責任を契約で合意に導くことに抵抗を感じる人は少なくないと思われる．また，東洋における"恩"を西洋流の契約で意味づけることにも無理がともなう.

むしろ，**加藤尚武**が『現代倫理学入門』(1997 年)[*8]で示す，**バトンタッチの相互性**という考え方のほうが素直に受け入れられる．加藤は，東洋にある「先人木を植えて，後人その下に憩う」という言葉を取り上げ，次のように意味づけている.

先人から恩を受けた者は自分の後人に恩を返すというバトンタッチ型世代交代においては，各世代の行為は自発的自己犠牲という形であり，相互監視にもとづく強制力を背景とするものではない．この関係は，共時的相互関係ではなく通時的な相互性である．現在世代は制裁を予期して，未来世代に責任を負うのではない．緑の地球を受け取ったのだから，緑の地球を返さなくてはならない．バトンタッチの関係のなかに完全義務が成り立つ．地球を守ることは，未来の世代に与える恩恵ではなく，現在世代が背負う責務である.

以上，世代間倫理に対するさまざまなアプローチを見てきたが，現在世代と未来世代は相互性を欠くことはまちがいない．だからといって，私たちが未来世代の人たちに何も配慮しなくていいということにはならない．上に示したさまざまな原理を，まずは共時的な世代内倫理を根拠づける原理として理解し直し，その有効性を確保したうえで，それを通時的な観点へと拡張するという迂回が現実的な解法ではないだろうか.

[*8] 文献
加藤尚武 『現代倫理学入門』(講談社学術文庫, 1997)

[*9] 文献
レイチェル・カーソン (青樹簗一訳)『沈黙の春』(新潮文庫, 1974)

図 4-1 レイチェル・カーソン

4.3 『沈黙の春』が訴えた未来世代への責任

4.3.1 レイチェル・カーソンの警告

アメリカの女性生物学者レイチェル・カーソン (1907〜1964, 図 4-1) は，1962 年『Silent spring』(邦訳『沈黙の春』)[*9]を発表した.

当時大量に使われ始めていた殺虫剤 DDT をはじめとする化学農薬が自然環境（生態系）に悪影響を与え，人間の生命にも将来大きな影響を与えるという内容である．特に，未来世代への責任，配慮からの警鐘である．

　少し長いが『沈黙の春』第1章（明日のための寓話）から引用する．

> 　あるときどういう呪いをうけたのか，暗い影があたりにしのびよった．いままで見たこともきいたこともないことが起こりだした．若鶏はわけのわからぬ病気にかかり，牛も羊も病気になって死んだ．……自然は，沈黙した．うす気味悪い．鳥たちは，どこへ行ってしまったのか．みんな不思議に思い，不吉な予感におびえた．裏庭の餌箱は，からっぽだった．ああ鳥がいた，と思っても，死にかけていた．ぶるぶるからだをふるわせ，飛ぶこともできなかった．春がきたが，沈黙の春だった．いつもだったら，コマツグミ，ネコマネドリ，ハト，カケス，ミソサザイの鳴き声で春の夜は明ける．そのほかいろんな鳥の鳴き声がひびきわたる．だが，いまはもの音一つしない．野原，森，沼地――みな黙りこくっている．……
> 　病める世界――新しい生命の誕生をつげる声ももはやきかれない．でも，魔法にかけられたのでも，敵におそわれたわけでもない．すべては，人間がみずからまねいた禍いだった．

　カーソンは，生物学者らしくダーウィンの進化論に基礎をおき，シュバイツァーのすべての生物への畏敬という精神を基本に，全生態系に対し優しさをもって化学物質の無秩序な使用を戒めた．地球上の生物界を構成する一員でしかない人間による自然の改変，進化過程への介入を戒めた．

　ただ，カーソンも「化学合成殺虫剤の使用は厳禁だ，などというつもりはない．毒のある，生物学的に悪影響をおよぼす化学薬品を，だれそれかまわずやたらと使わせるのはよくない，と言いたいのだ」と述べている．それまでほとんど無意識に無毒だと信じて農薬を使っていたことへの発想の転換と，正しい科学的な情報を得ることのたいせつさを世間に広めた意義は大きい．その基本は，未来世代への愛情であった．

4.3.2 難分解性・生体蓄積性化学物質の怖さ

　DDT は，1874 年ドイツのツァイドラーがはじめて合成した．その後 1939 年にスイスのガイギー染料会社のポール・ミューラーが殺虫剤の構造や作用の系統的研究から DDT の殺虫力を発見した．第二次世界大戦時，イタリアに進駐したアメリカ軍は DDT でシラミを退治し，大流行していた発疹チフスをわずか 3 カ月で撲滅した．その後，昆虫に対し極めて有効で人などの高等動物に対しては毒性が小さい薬剤として，チフス，マラリアなどの病原体を媒介する蚊やノミ，シラミといった病害虫の駆除薬や，農業用殺虫剤として世界各地で用いられるようになった．ミューラーは 1948 年ノーベル生理学・医学賞を受賞している．化学構造は図 4-2 のように，有機塩素系の単純なものである．

　DDT は生態系において**難分解性**かつ**生体蓄積性**（濃縮性）であり，化学物質としては厄介な性質をあわせもっている．そのうえに，発がん性が疑われている．第二次世界大戦後，化学工業は飛躍的発展を遂げ，数のうえでも量のうえでも新規化学物質は急拡大の一途をたどっている．そのなかには，DDT と同様の性質をもつ物質が商品化されたり，非意図的に環境に排出されたりして，環境を経由しての人間への影響が懸念されるようになった．食物連鎖を通じての高次生物への蓄積は，100 万倍から 1000 万倍の極めて高い生物濃縮を引き起こす．図 4-3 にその様子を示した．

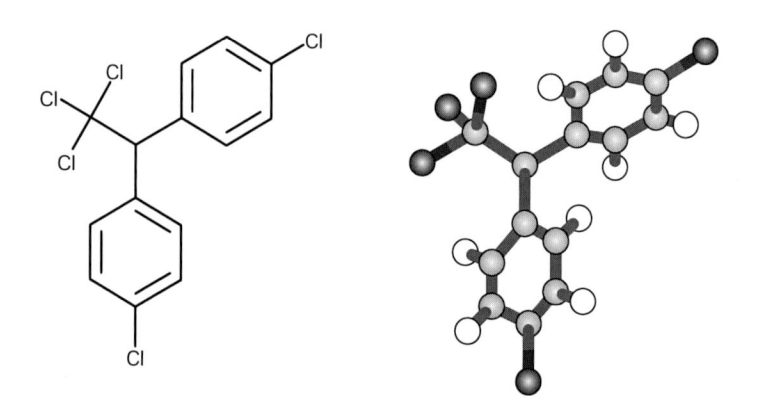

図 4-2 DDT（**D**ichloro **D**iphenyl **T**richloroethane）
IUPAC 名：1,1,1-trichloro-2,2,-bis (4-chlorophenyl) ethane

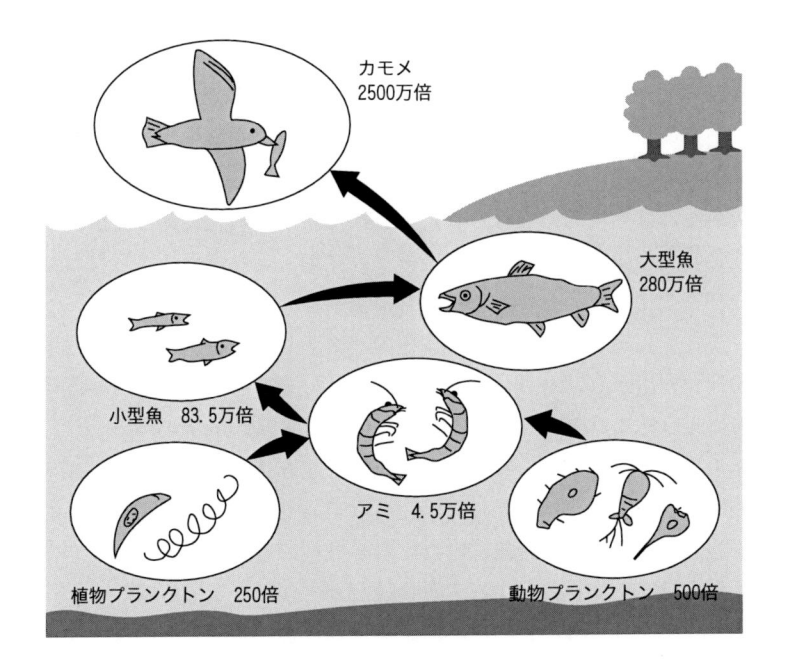

図 4-3 難分解性・生体蓄積性物質の生物濃縮
シーア・コルボーンほか（長尾力ほか訳）『奪われし未来』（翔泳社, 2001）を参考に作成.

　水俣病の原因物質とされるメチル水銀，カネミ油症事件の原因物質とされた PCB（ポリ塩化ビフェニル）やダイオキシン類なども同様の性状をもっている．これらへの規制として，わが国では**化学物質の審査及び製造等の規制に関する法律**（化審法，1973 年制定）があり，国際的には，残留性有機汚染物質に関する**ストックホルム条約**が 2001 年に採択され，2004 年に発効している．

　ストックホルム条約は **POPs（Persistent Organic Pollutants）条約**ともよばれ，次のような化学物質を国際的に管理・規制する．

① 分解されにくい（**難分解性**）
② 生物で濃縮されやすい（**生体蓄積性**）
③ 環境への広範な汚染が認められる（**長距離移動性**）
④ 人の健康，環境への悪影響（**毒性**）を有する

4.3.3 トレード・オフを考えて

カーソンは『沈黙の春』を第17章「べつの道」で締めくくっているが，ここでは化学農薬に代わり，天敵を利用する生物学防除や，昆虫の不妊化，天然農薬を推奨している．しかし，生物学防除が成功するのは地理的に隔離された孤島などに限られ，また，昆虫の不妊化のためには放射線やマスタードガスのような毒ガスにも使われる有害な化学薬品を使用しなければならない．

また，天然農薬として，ある種のバクテリアが生産する天然殺虫成分の利用が有効とされているが，これはまさしく遺伝子組換え植物に組み込まれている成分そのものである．*Bacillus turigensis*（バチルス・チューリゲンシス）の遺伝子を組み込まれた遺伝子組換え綿やトウモロコシはすでに商品化されており，殺虫剤使用量を劇的に低減させることを可能にした．科学技術の成果であるが，一方で遺伝子組換え作物に対する安全性確認が課題となっている．

カーソンは，合成化学農薬による広範な環境汚染とその有害作用としての発がん性を取り上げた．しかしその後，カリフォルニア大学のブルース・エイムズ博士らによる広範な研究から，自然界に存在する天然物にも発がん性を示す物質が数多く見つかっている．たとえば，ピーナッツに付くある種のカビが産生するアフラトキシンはDDTなど比較にならぬほど極めて強い発がん性をもっている．天然物も合成化学薬品もいずれも物質であることに変わりはなく，両者を分けて考える科学的根拠はない．どんな物質もある程度の量以上になると危険になる．

16世紀前半に活躍した医師・錬金術師であるパラケルサスの言った「物質はすべて毒である．毒でないものはないが，その用量によって物質は毒にも薬にもなる」は，物質の本質をついている．

ある対策をとれば，必ず別のリスクが現れる．地球環境問題はトリレンマ構造（p.11参照）にあり，対策を考えるときには，絶えず**トレード・オフ**で予想される弊害や副作用，問題点を考慮しながら進めなければならない．DDTは，1971年にアメリカで生産・使用が禁止され，以降各国での生産・使用も順次禁止された．しかし，マラリアは，あいかわらず世界中で毎年3億人を超える患者が発生しており，毎年100万人を超える死者を出している．WHOは2006年よりマラリア発生地域に対し，マラリア被害のリスクがDDT使

用によるリスクを上回るケースでは限定的にDDTを使用することを認めている．

化学農薬をカーソンは"死の霊薬"とよんだが，この反省からその後の農薬開発にあたっての安全性への配慮は格段に向上しており，食料増産に大きな貢献をしている．

『沈黙の春』は次の文章で終わっている．

> やたらに，毒薬をふりまいたあげく，現代人は根源的なものに思いをいたすことができなくなってしまった．こん棒をやたらとふりまわした洞窟時代の人間に比べて少しも進歩せず，近代人は化学薬品を雨あられと生命あるものにあびせかけた．……巨大な自然の力にへりくだることなく，ただ自然をもてあそんでいる．自然の征服――これは，人間が得意になって考え出した勝手な文句にすぎない．生物学，哲学のいわゆるネアンデルタール時代にできた言葉だ．自然は，人間の生活に役立つために存在する，などと思いあがっていたのだ．応用昆虫学者のものの考え方ややり方を見ると，まるで科学の石器時代を思わせる．およそ学問と呼べないような単純な科学の手中に最新の武器があるとは，なんとおそろしい災難であろうか．おそろしい武器を考え出してはその鉾先を昆虫に向けていたが，それはほかならぬ私たち人間の住む地球そのものに向けられていたのだ．

かなり過激で乱暴な言葉が並んでいる．人間による**「自然の征服」**は，人類（ホモ・サピエンス）が地球上に現れて以降，絶えず考え，実践し続けてきたことといっていい．それにしても，産業革命と近代科学技術の進展や経済発展は，人間による自然征服の方法と結果を質的に大きく変化させた点は考えなければならない．

不適切かと思われる表現も多々見受けられるが，1960年代の初めに，人間がつくり出した化学物質による汚染の拡大とその影響に対しての警鐘は，その後のさまざまな環境対策に生かされている．発表から50年を経て，今なお大きな影響を世界中の人々に与え続けている書である．未来世代の鍵を握る現在世代の私たちへの警告のメッセージとして受けとめたい．

4.4 未来世代のために

　以上のように，地球環境にかかわる世代間倫理は，個人レベルで考えていては，その問題解決に向けての積極的な動機につながらない．私たちは美しい自然環境のなかで，地球上のすべての生物と共生しながら生きていくべきであると考える一方で，快適・便利で安全な生活をしたいとも願っている．この考えがさまざまな環境問題を引き起こす原因となっている．

　私たちは環境破壊の加害者であるだけでなく，被害者でもありかつ受益者でもあることを忘れてはならない．未来世代へ緑豊かな地球を引き継ぐために，人間全体として以下の五つの項目を心がけたい．

> ① 枯渇性資源の浪費を抑え，その利用にあたっては，将来の枯渇に配慮した代替資源や代替技術の開発を心がける．
> ② 地球の環境容量を配慮した廃棄物の排出と処理方法の開発に心がける．
> ③ 難分解性・高蓄積性化学物質や放射性物質などの安全，適正な利用と廃棄方法に心がける．
> ④ 生物多様性の保持が人間にとっても大きな利益につながるとの考えから，生物多様性の保全に心がける．
> ⑤ 未来世代の権利と生活の質を損なわないように心がける．

　以上のように考えると，次章で扱う持続可能性とも密接に関連していることがわかる．

考えよう・話し合おう

- 科学技術と世代間倫理が関係している事例を挙げて，30年先，100年先の未来を具体的に予測してみよう．
- あなたがかかわる活動で，未来世代に影響を与えることはないか，世代間倫理をふまえて考えてみよう．

Technological Column　　　　　　　　　　　　　　　　　　　　　　　　　　　No. 4

安全で豊かな食生活を支える現在の農薬

■農薬の移り変わり

　栽培農業の歴史は病害虫や雑草との戦いの連続であった．有機合成農薬以前は，天然物や無機化合物が民間伝承的技術として作物保護に用いられた．

　19世紀末から勃興した化学工業により合成農薬や化学肥料が発明され，農作業の機械化や耕種栽培技術の進歩などとあいまって，20世紀には農業生産性が飛躍的に向上した．

　しかし初期の農薬は，DDTやパラチオンのように，効力を重視したバイオサイドタイプ[*1]で，ヒトや環境への毒性が強いものも多く，一般の人に「農薬は怖いもの」との思い込みを定着させたようだ．

　現在の農薬は，近代有機化学を駆使して創製された，複雑な分子構造をもつ生物活性化合物を有効成分としている．

　その特徴は，極めて少量の投下で防除効果を発揮し，安全性が高い．自然のなかで容易に分解され，ヒトや環境に対する毒性が弱く，防除対象となる作物の病害虫や雑草にだけ作用する，選択制の高いものが主流である．

■もし農薬がなければ

　農薬は，適正使用下ではヒトや環境に対する安全性が科学的に担保されており，農産物の量的および質的な安定生産に不可欠な農産物生産資材のひとつとして，食料生産を支えている．

　しかし，現在の作物保護技術をもってしても，世界の農作物収量の40％が病虫雑草害によって失われており，農薬を使わないとさらに30％が減収するといわれている．

　いま，世界の人口は70億人を突破し，21世紀末には100億人を超えると見込まれている．地球上で，この人口増加を支える食料生産のための耕地面積拡大はもはや望めない．むしろ，世界的規模で起きている砂漠化，土壌流亡，土壌劣化，都市化などの進行によって，減少しているのが現実である．

　限られた栽培耕地で，人口増による世界的食料不足を解決するには，多様な技術を結集し，農業の生産性を上げなければならない．その技術のひとつとして，農薬の果たす役割はたいへん重要である．

■農薬をどう活用するか

　ただ，資源・エネルギー多消費の現代文明は，環境問題を深刻化させ，食料増産を行うだけでは解決のできないさまざまな問題が生じている．豊かな地球環境を保全しつつ，人類社会の持続可能な発展を実現していくことがわれわれに与えられた大きな課題である．

　化学，生物学，毒性学，環境科学などの英知を結集して創られた農薬は，これからも，安全で安定的な食料の確保と，美しい緑の保全にその力量を発揮し，この人類的課題に挑戦していく責務を負っている．

　「農薬は怖いもの」と忌避したり恐れたりせず，農薬を適切に利用するために，正確な知識を身につけ，広い視野に立って科学的に見る見方や考え方を養えるような，確かな環境倫理観を構築していきたい．

[*1] 殺生物型（みな殺し型）．

5章 持続可能な社会

持続可能性（Sustainability）は環境問題と経済発展を両立させていくうえで鍵を握るたいせつな概念と考えられている．今日，環境に限らず，経済活動や社会生活などさまざまな分野でこの持続可能性という言葉がひんぱんに使われている．本章では持続可能性とさまざまな問題を環境倫理とのかかわりで考えてみる．

5.1 持続可能な発展とは

Sustainable（サスティナブル：持続可能な）という言葉はさまざまなところに枕詞として使われている．Sustainable development という言葉とその理念は 1987 年に国連ブルントラント委員会の報告書の中に現れ，その後 1992 年のブラジルにおける地球サミット以降世界的に広く認知・定着するようになった．当初日本では，Sustainable development を「持続可能な開発」と訳していたが，現在は「持続可能な発展」とするのが一般的である[*1]．まずは，「持続可能な発展」が課題となってきた経緯を見てみる（表5-1）．

[*1] 補説
ここでは文書等が発表された時点で，「持続可能な開発」と表記されているものは，そのまま用いることにした．

5.1.1 持続可能な発展の歴史的背景

4章で述べたように，レイチェル・カーソンが『沈黙の春』を発表したのは 1962 年であった．そして，第二次世界大戦後の科学技術の進展と経済発展にともなう負の側面としての環境問題が 1970 年代以降顕在化し始めた．急速な人口増加と近代産業化にともなう大量生産-大量消費-大量廃棄は，地球環境問題を表面化させた．これをきっかけに，環境問題が未来に向けての大きな課題となった．

そのような状況下で 1972 年に「国連人間環境会議」がスウェーデ

表 5-1　持続可能な開発に関連する年表

年	事項
1962	・レーチェル・カーソンの『Silent spring（沈黙の春）』が発行される.
1972	・ストックホルムで「国連人間環境会議」が開催され,「人間環境宣言（ストックホルム宣言）」が採択される. ・ローマ・クラブ報告書『成長の限界』が発行される.
1984	・国連「開発と環境に関する世界委員会」が設置される.
1987	・国連「開発と環境に関する世界委員会」報告書『Our Common Future』（ブルントラント報告書）が発表される.
1992	・リオデジャネイロで「環境と開発に関する国連会議」（リオ地球サミット）が開催され,「環境と開発に関するリオ宣言」などが採択される.
2002	・ヨハネスブルグで「持続可能な開発に関する世界首脳会議」（ヨハネスブルグ・サミット）が開催され,「ヨハネスブルグ宣言」などが採択される.
2012	・リオデジャネイロで「リオ＋20」会議が開催される.
2015	・パリ協定が採択される[*2]. ・「持続可能な開発のための2030アジェンダ」が採択される[*3].

ンのストックホルムで開かれ,「**人間環境宣言（ストックホルム宣言）**」が採択された（p.133参照）．また，同じ年にローマクラブ報告書『**成長の限界**』が発表された（p.16参照）．1973年の第一次石油ショックは，原油の供給不安から価格高騰を招き，世界同時不況の引き金となった．米国カリフォルニア大学のフランク・ローランドとマリオ・モリーナが，成層圏でのフロンによるオゾン層破壊の可能性を初めて指摘したのは1974年である（p.98参照）．

この時期，世界の資源・環境を守るために人口や経済成長を抑制しなければならないという悲観論が台頭し始めていた．同時に，先進国と途上国との間に環境保全と経済成長についての意見対立も顕在化し，いわゆる**南北問題**が問題になり始めていた．

このような時代背景を受け，1984年国連に，環境問題と人口・開発規模の増大にいかに対応していくかを検討することを目的とした「**環境と開発に関する世界委員会**」（WCED：World Commission on Environment and Development）が設置された．委員長に，当時ノルウェーの首相であったグロ・ハーレム・ブルントラントが就任したことから，この委員会は**ブルントラント委員会**とよばれた．

[*2] 補説
パリで第21回国連気候変動枠組条約締約国会議が開催され，2020年以降の温室効果ガス排出削減等のための新たな国際枠組みとしてパリ協定が採択される．

[*3] 補説
ニューヨークで国連サミットが開催され，「持続可能な開発目標」（SDGs：Sustainable Development Goals, p.75 図5-4参照）を中核とする「持続可能な開発のための2030アジェンダ」が加盟国の全会一致で採択される．17のゴール・169のターゲットから構成され，地球上の「誰一人取り残さない」ことを誓っている．

5.1.2 ブルントラント委員会報告書『Our Common Future』

ブルントラント委員会は，南北の利害が鋭く先鋭化し始めた極めて困難な状況のなか，約4年にわたる国際賢人会議としての粘り強い議論を通し『Our Common Future（われら共有の未来）』（邦訳『地球の未来を守るために』[*4]）と題した最終報告書を1987年にまとめあげた．この報告書はブルントラント報告書ともよばれ，序章と3部12章で構成されている．ここで「持続可能な開発（Sustainable development）」の概念が世界に提示され，以後，地球環境問題に関する世界的な取り組みの共通キーワードとなった．

報告書では，「持続可能な開発（発展）」は，"将来の世代が自らの欲求を充足する能力を損なうことなく，今日の世代の欲求も満たすような開発" と定義された．すなわち，現在の世代が，将来の世代の利益や要求を充足する能力を損なわない範囲内で環境を利用し，要求を満たしていこうとする理念といえる．環境と開発はおたがいに相反するものではなく，不可分かつ共存しうるものとしてとらえ，環境保全を考慮した節度ある開発がたいせつであるという考えが中心理念となっている．

報告書では，人類は，開発と環境の悪循環から脱却し，持続的な開発に向けて，地球上の生命を支える自然システム（大気，水，土，生物）を危険にさらすことのないように保全を図る必要があるとした．そして，持続可能な開発とは，天然資源の開発，投資の方向，技術開発の方向づけ，制度の改革がすべて一つにまとまり，現在および将来の人間の欲求と願望を満たす能力を高めるように変化していく過程をいうと述べている．

[*4] 文献
環境と開発に関する世界委員会（大来佐武郎監修）『地球の未来を守るために』（福武書店，1987）

5.2 持続可能な発展の定着

5.2.1 リオ地球サミット

ブルントラント委員会において提唱された「持続可能な発展」の概念が世界的に定着したのは，1992年にブラジルのリオ・デ・ジャネイロで開催された「環境と開発に関する国連会議（UNCED：United Nations Conference on Environment and Development）」（いわゆる "リオ地球サミット"）においてである．

リオ地球サミットは,「人類共有の持続可能な発展」を掲げ,180ヵ国・100名を超える世界の首脳が出席して開催された.この会議では以下に記すような成果があり,その後の世界の環境政策に大きな影響を与えることになった.

● リオ地球サミットの成果
① **環境と開発に関するリオ宣言**（前文と27の原則で構成）
② **アジェンダ21**（持続可能な開発に向けての詳細な行動指針で全40章からなる）
③ **森林原則宣言**（持続可能な森林管理のあり方と国際的枠組みについての前文と15の原則からなる）
④ **気候変動枠組み条約**（p.99, 7.3.3項参照）
⑤ **生物多様性条約**（p.134, 9.4.2項参照）

「環境と開発に関するリオ宣言」は参加者の全員一致で採択された.この前文には,「ストックホルム条約を再確認するとともにこれを発展させることを求め」,「われわれの家庭である地球の不可分性,相互依存性を認識し」といった文言が盛り込まれ,続く27の原則には持続可能な開発に向けてのさまざまな項目が列記された.

5.2.2　ヨハネスブルグ・サミット

リオの地球サミットから10年後の2002年,南アフリカのヨハネスブルグにおいて「**持続可能な開発に関する世界サミット**（WSSD：World Summit on Sustainable Development）」（ヨハネスブルグ・サミット）が開催された.この会議には191ヵ国・140人の首脳のほか,政府関係者,産業界,NPO関係者などあわせて21,000人が参加し,アジェンダ21の達成状況の点検・評価・見直しと1992年以降の主要な国連会議の成果と国際合意をふまえた新たな課題について議論が行われた.

リオ地球サミット以後の10年間,持続可能な開発という点について,世界の進歩の状況は必ずしも芳しいものではなかった.この会議では,発展途上国と先進国の間の対立構造（南北問題）が鮮明化し,結果的に,譲歩と妥協の多い内容となり,多くの国々やNGOなどから反省や批判の声があがった.

そのように厳しいなかで，持続可能な開発をよりいっそう進めるための各国の指針となる「実施計画」および「ヨハネスブルグ宣言」が採択された．環境保護と経済発展の両立をめざし，貧困の撲滅，持続可能でない生産消費形態の変更，天然資源の保護と管理，各国レベルでの持続可能性戦略の発展などがうたわれた．持続可能な開発における「環境・経済・社会」の三つの側面とその関連性が明確にされた．

5.2.3 持続可能性の二つの考え方

南北対立などの困難な状況の下，まとめあげられた持続可能な発展（開発）の理念は，『沈黙の春』や『成長の限界』のような暗い未来を想像させる悲観的な地球破局論に比べて，明るい地球の未来を切り拓いていこうという前向きで魅力的な面をもっていた．その実現化をめざして世界中が動くようになった．しかし，持続可能な発展に関する報告書や宣言は多分に政治的文書の側面をもっており，さまざまな矛盾も抱えている．持続可能な発展を実践していくにあたってはさまざまな考え方と条件が突きつけられている．

たとえば，自然の再生能力と持続可能性をどう考えるかについて，相対する二つの考え方がある．**弱い持続可能性**と**強い持続可能性**である．枯渇性資源としての自然資本について，その減少分を，機能が同等であれば人工資本によってある程度代替（あるいは補填）させてもよいとするのが弱い持続可能性である．一方，強い持続可能性は，自然資本は自然資本として，その損失を招かないように再生能力を維持すべきであるとする*5．

*5 事例
原生林のような自然資本を人工林のような人工資本で代替・補填してもよいと考えるかどうかは，二つの考え方の例である．

自然資本のなかには人工資本で代替できないものも多い．たとえば，成層圏のオゾン層に代わるものはなく，絶滅したリョコウバトを代替する動物はいない．しかし，すべてを自然資本のみに頼るのは極めて非現実的である．化石燃料や鉱物資源といった自然ストックを一定に保とうとすれば，それにいっさい手をつけてはならないことになる．他方，自然資本をあたりかまわず人工資本で置き換えるという考え方も行きすぎである．強い持続可能性と弱い持続可能性の議論に決着をつけるのは難しい．技術革新による経済的・社会的な質的発展と自然資本の保全のバランスが重要である．

世代間公平と**世代内公平**という二つの考え方も持続可能な発展を

実践するための条件である．すなわち，将来世代が必要とする資源・環境を保全できる持続可能な発展への移行（世代間公平）と，貧困や南北格差を解消できる持続的な発展への移行（世代内公平）とである．前章で述べた世代間倫理が，持続的な発展にとって大事な論点となる．

5.3 持続可能な発展の展開

5.3.1 持続可能を定義する三つの制約

アメリカの経済学者ハーマン・デイリー（1939〜）は，強い持続可能性の観点から，以下に示す持続可能な発展に必要な三つの条件を提示した．

---

① For a renewable resource：「再生可能な資源」（森林，漁業資源など）の利用速度は，それら資源の再生速度を超えてはならない．
（例）魚の場合，残された魚が繁殖することで補充できる程度の速度で捕獲する．

② For a nonrenewable resource：化石燃料や良質鉱石などの「再生不可能な資源」の持続可能な利用速度は，再生可能な資源への代替が進むようなペースで行わなければならない．
（例）石油の場合，埋蔵量を使い果たした後も同等量の再生可能エネルギーが入手できるよう，石油使用による利益の一部は太陽光（熱）発電や植林に投資する．

③ For a pollutant：汚染物質の持続可能な排出速度は，自然環境の浄化能力（環境容量）を超えるものであってはならない．
（例）下水を川や湖に流す場合，水生生態系が処理吸収できるペースで流す．

これらは持続可能性についての厳しい条件といえる．①についてはブルントラント委員会の報告書の考えと大きな違いはない．しか

し②と③については異論もある．特に，③については，70億を超えて2050年には90億人にも達する地球上の人間の生活や産業活動にともない発生する汚染物（排気，排水，廃棄物のいずれも）の排出速度を，人工的な補助処理なしに自然環境の浄化能力の範囲内に抑えることは非現実的であり不可能である．デイリーは，①〜③のいずれでも速度を規制しようとしているが，その限界は不明確であり，解釈をめぐって議論の余地を残している．持続可能性を考えるうえでの大事な視点を提示してはいるが，夢想的な環境保護主義に都合よく利用されかねない点は注意すべきであろう．

5.3.2 持続可能な発展の経済学

ハーマン・デイリーはまた，『持続可能な発展の経済学』[*6]のなかで，上記の持続可能性のための三つの条件の前提として，**定常状態の経済**への移行が必要だと提唱している．定常状態の経済とは，低率の**スループット**により，人とモノのストックが望ましい特定のレベルに保たれる経済を意味している．ここで，スループットとは原料の投入に始まり，次いで原料の財への転換が行われ，最後に廃棄物の排出に至るフロー全体を指している．地球の収容能力は増えないので，地球の資源を枯渇させず，その自然を破壊しないようにするには，スループットの流れを一定以下に保つことが必要だというのがデイリーの理論の核心となっている．すなわち，成長が環境の扶養力・収容力を超えてはいけない発展といえる．

デイリーは，このような発展あるいは繁栄は**質の改善**を意味し，開発あるいは成長は**量的な拡大**を意味するとしている．環境の限界点を超えるスループットによる成長はプラス面よりもむしろマイナス面が大きく，経済はより成長しても，生態系はそうではないと述べている．

デイリーらは科学技術の貢献をあまり評価していないが，新たな技術の進歩が地球の持続可能性に大きく貢献することはできる．デイリーの考え方にそのことを加味した概念図を**図5-1**に示す．

デイリーのこの考え方の背景には，すでに19世紀半ばにイギリスの哲学者・経済学者である**ジョン・スチュアート・ミル**（p.6参照）が提唱した「定常状態の経済」，および，ニコラス・ジョージェスク＝レーゲン（1906〜1994）による「エントロピー法則の経済へ

[*6] 文献
ハーマン・デイリー（新田功ほか訳）『持続可能な発展の経済学』（みすず書房，2005）

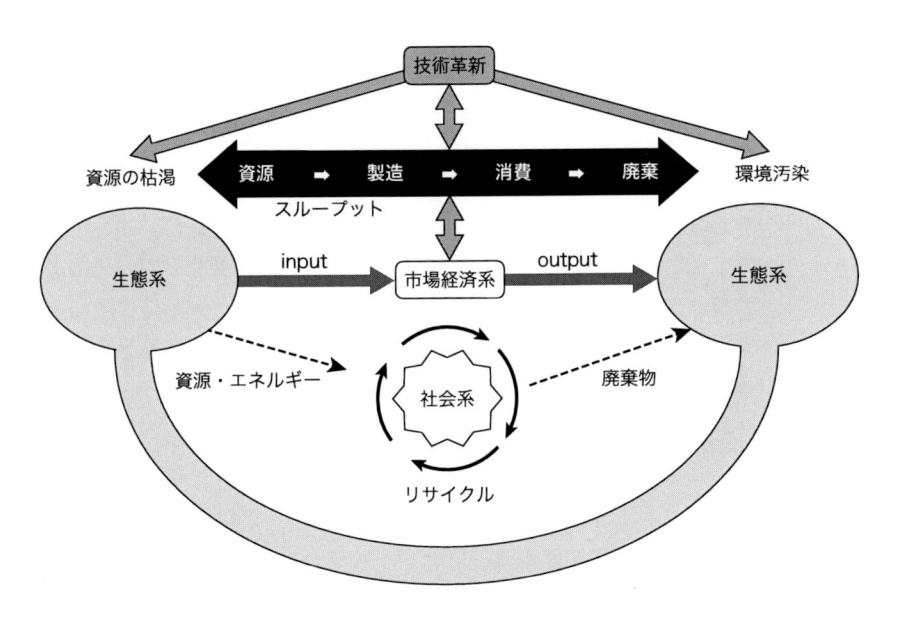

図5-1 生態系，経済系，社会系のバランス

の適用」*7 がある．

ミルは，イギリスを起点とした市場経済が拡大に向かう時期に次のような理論を展開した．

究極的には経済プロセス（人口，富）は，その増加が永久に続くことはできず，定常状態に至る．マルサス（p.22 参照）の警告する破局は，消費の総量を減らし，富の再配分を行うことにより避けることができる．そして，経済が定常状態であっても，精神文化を高め，道徳的・社会的進歩を実現することはできるのである．ミルは，産業的進歩よりも真の豊かさや人間的進歩という広い視野から，定常状態にある社会を積極的に評価した．

デイリーはミルのこの考えに，今日の人的資本，物的資本に自然資本を加味したところがポイントである．経済は成長することのない有限な地球の生態系の下位システムにすぎず，その結果，マクロ経済にも最適規模があるとしている．

それはすなわち，経済活動の規模が生態系がもつ環境容量に比し小さい「**空っぽの世界**」（empty world）では，あまり影響はおよぼさないが，経済活動の規模が生態系の環境容量に匹敵するほど大き

*7 補説

◆経済学と熱力学
経済過程は，低エントロピーの有用な資源・エネルギーを生産活動に投入し，高エントロピーの不用な廃棄物を排出しているものととらえることができる．地球は物理的に成長せず，太陽光という低エントロピーのストックから定率のフローでエネルギーを得て，資源をストックしている．やはり低エントロピーであるそのストックを用いて経済活動を行っている．太陽光のストックは無限であるがフローは限られる．一方，資源（化石燃料）のストックは有限であるが，フローは大きくも小さくもできる．ここから経済学と自然界とのつながりを見直す視点が生まれる．

くなった「**充満した世界**」(full world) では，環境サービスは希少となり，その利用をめぐる競合が起き，争いは激しくなるであろうということである．

世界は，人工資本が限定要因であった時代から，残された自然資本が限定要因になる時代へと移行しつつある．たとえば，現在の漁獲生産を制限しているのは，残されている魚の個体群であって漁船の数ではない．

ローマクラブ報告書続編『限界を超えて――生きるための選択』(p.18 参照)[*8]では，資源採取の行き過ぎや環境汚染によって21世紀前半に破局が訪れるという『成長の限界』からさらに悪化したシナリオが提示されている．この報告書はリオ地球サミットの年（1992年）に出されており，持続可能性についても言及されている．その一節を掲げておく．

[*8] 文献
ドネラ・H・メドウズほか（茅陽一監訳）『限界を越えて――生きるための選択』（ダイヤモンド社，1992）

> 持続可能な社会であるためには，再生不能資源の利用を打ち切らなければならないと考えている人もいる．定義上，再生不能資源の消費は持続不可能だからである．しかしこの考えは，持続可能性の意味をあまりにも厳格にとらえ過ぎている．もちろん持続可能な社会でも地殻からの恵みは活用する．ただし現在の世界より思慮深く効率的に利用するのである．また，そうした資源に適正な価格をつけ，より多くを未来の世代のために残す．持続性の基準を満たしてさえいれば，その利用を止めなければならない理由はない．すなわち，特定の再生不能資源がもはや入手できず，あまりにも高価すぎて手が届かないという状態に将来の社会が放り出されることがないように，再生不能資源に代わる再生可能な資源が開発されていればよいのである．

5.4 共有地の悲劇とその管理

有限な資源の持続可能な管理をめぐって，ギャレット・ハーディンの「共有地の悲劇」に見る教訓を取り上げたい．

5.4.1 共有地の悲劇とは

アメリカの生物学者ギャレット・ハーディン（1915〜2003）は1968年に次のような「共有地（コモンズ）の悲劇」をサイエンス誌に投稿し，資源管理の重要性について問題を提起した．共有地の悲劇の話は次のように展開される．

> ① 牧草地をコモンズとして，牛飼いたちが共同で使っている．
> ② 牛飼いたちは，牧草地に自由に出入りできる（オープン・アクセス）と仮定する．
> ③ このとき，牛をあと1頭牧草地に入れるときの損害（コスト）は牛飼い全体で等分されるが，利益はその牛の所有者だけが得られる．したがって，各牛飼いにとっての利益は常に費用を上回り，どんどん自分の牛を牧草地に入れてしまう．
> ④ これによって，牧草地は回復不能なほど荒廃してしまう．

牛飼いにとって，合理的に考えるなら，取るべき行動はもう1頭の牛を群れに加えることである．そして，もう1頭，もう1頭……と．コモンズを利用するすべての合理的な牛飼いがこのような結論に到達する．ここに悲劇が生じる．牛のえさとなる牧草は再生可能な自然資源である．その再生速度を超えての利用は，デイリーの三条件（p.65参照）にも示されているように持続可能ではないため，ついには牧場も，牛も，そこを利用する牛飼いたちすべても破滅する．つまり，コモンズにおける自由は，共有地のすべての人の破滅をもたらすことになるというのである．

この寓話は，アダム・スミスの「見えざる手」（市場経済において，各個人が自己の利益を追求すれば結果として，社会全体において適切な資源配分が達成され，望ましい状況が達成される）という自由放任主義への反証例でもある．個人の「自由」を認める現代社会において，人はそれぞれに「権利」を主張し，果てしなく「利益」の増大を追い求めている．そして，その先に「幸福」があると信じている．社会的安定がもたらされた自由社会においては自分の利益を最大にする選択肢が誰にも与えられており，これを拒む理由はない．しかし，それが問題を引き起こすことになる．

ただ，いつでも，あるいはどこでも，コモンズにおいてハーディ

ンの示したような悲劇が起こっているわけではない．何よりも**オープン・アクセス**（誰もがじゃまされることなく自由に利用できる）であることが悲劇の原因といえる．その典型例は，多数の国が接するカスピ海におけるチョウザメの乱獲に見ることができる．法による規制や，私有地化といった対策も考えられるが，日本における入会地[*9]や西欧の共同農耕地において，人びとは共有地を上手に管理して効率よく利用してきた例もあることを忘れてはならないし，そこに学ぶべき点も多い．

5.4.2 さまざまなコモンズ

地球環境問題はさまざまなコモンズの悲劇となって現れる．ハーディンのケースは牧草地における牛の過剰放牧が牧草地の荒廃をもたらした．漁業資源，森林資源においても同様のコモンズの悲劇が起こる．再生不可能な地下資源の場合はさらに深刻な事態になる．ただし，水以外の地下に存在する再生不可能な化石資源などについては，ほとんどの国ではその所有権を国家が管理している．

身近な例として，国立公園もまたコモンズの悲劇が起こることを示す．多くの国立公園はいっさいの制限なく，すべての人の立ち入りを許しており，観光客の数は際限なく増加している．訪れる人々が公園に求めている価値は確実に損なわれていく．そして，国立公園は誰にとっても価値のないものになってしまいかねない．これを防ぐには観光客の数を制限しなければならない．そのためには法の整備や監視体制が必要となる．

コモンズでの自由な権利が許されるのは，密度が低い段階に限られる．そしてこれは世代内に限らず世代間における資源の奪い合いにおいても同様の構図となっている．17世紀のイギリスの哲学者**ジョン・ロック**（1632～1704）は，アメリカ独立宣言やフランス人権宣言に大きな影響を与えた．ロックは『統治論』[*10]のなかで，所有権について，「自然が準備し，そのままに放置しておいた状態から，彼が取り去るものは何であれ，彼はこれに自分の労働を混合し，またこれに何か自分自身のものを付け加え，それによって自分の所有物にする」としている．ただし，「少なくとも自然の恵みが共有物として他人にも十分に，そして同じようにたっぷりと残されている場合に，ひとたび労働が付け加えられたものに対しては，彼以外のだ

[*9] 補説
◆入会地
入会地とは，一定地域の住民が共同して共有し，入会の権利が設定された土地である．ここでは，家畜の餌としての草や，燃料としての木材・薪炭などを共同利用して上手に採取してきた．自然環境を保全しながら資源としての自然を有効に活用するヒントを与えている．里地・里山に多くの例を見ることができる．

[*10] 文献
ロック（宮川透訳）『統治論』（中公クラシックス，2007）

れも権利をもつことができないのである」との"ロックの但し書き"を付け加えている．さらにロックは続けて，だれでも好きなだけ独占してよいのかということに関し，「ものが損なわれないうちに生活の何かの便宜のために人が利用できるかぎり，だれでも自分の労働によって所有権を定めてよいのである．これを超過するものはすべて彼の分け前以上のものであり，他人のものなのである」としている．これは先に述べたブルントラント委員会による「持続可能な開発」の定義とも通ずる（p.62参照）．

　コモンズの悲劇は，資源の枯渇だけではなく，廃棄物の投棄による汚染という形でも現れる．その場合のコモンズの規模は，比較的小さなローカル・コモンズから，地球レベルに至るグローバル・コモンズまでさまざまである．地球環境問題から考えると，大気も水も土壌もコモンズといえる．これまでの公害に対しては，さまざまな規制や技術開発により，コモンズとしてのきれいな空気や水，土壌をある程度回復させてきた．しかし問題がすべて解決したわけではない．むしろよりグローバルなコモンズの悲劇として，地球温暖化やオゾン層の破壊，長距離移動性難分解性化学物質による海洋汚染などが起きている．

5.4.3 社会的費用と環境税

　これまでの産業界では，煙や廃水の排出（自然の負債）を勘定に入れずに工場でつくったものを売ってきた．大気汚染や水質汚染が無視できるほどの場合は問題がなかった．しかし，これらが社会生活に影響をおよぼし，無視できなくなったとき，外部不経済の内部化が必要となってくる．

　イギリスの経済学者アーサー・セシル・ピグーは『環境経済学』（1920）のなかで，環境問題が発生している場合には，その原因となる財に課税すべきであるとした．煙や廃水のように市場を通過することなく，また価値づけが行われずに費用が社会に押しつけられるとき，これを経済学では**外部不経済**[*11]とよぶ．社会が負わされたこの社会的費用を経済活動の内部に取り込み（内部化し），その原因を生み出した企業に負担させようとするのがピグーのいう社会的費用税すなわち**環境税**である．ピグーのこの考えにより環境問題が経済における分析対象となった．

[*11 補説]
◆外部不経済
経済学で，ある主体の活動が市場を通さずに第三者に何らかの影響をおよぼすことを外部性という．その影響が，第三者にとってプラスの場合には「外部経済」，マイナスの場合には「外部不経済」という．ある製品の生産において，労働，原材料，投入エネルギーなどの費用は私的費用（内部経済）として損益計算に現れる．しかし，生産にともなう環境劣化は社会にとっては費用となるが生産者にとっては外部費用（外部不経済）であり，損益計算には入ってこない．

図5-2 に外部不経済の内部化の構図を示した．通常の市場での財の取引は需要と私的費用（供給）の両曲線の交わる点で生産量と価格（Q_0, P_0）が決まる．しかし，この財の生産によって環境問題つまり外部不経済が発生しているとき，その費用は私的費用には含まれていない．そこで環境悪化による社会的損失を価値評価し，この外部費用（社会的費用）を私的費用に加えた社会的費用曲線，すなわちこの財の生産によって社会が直面している費用曲線が需要曲線と交わる点まで生産量は減少し，価格も上昇する（Q_1, P_1）．

ピグーは外部不経済を内部化する手段として税の導入を提唱したことから，このような機能をもつ環境税を**ピグー税**とよんでいる．

ただ，運用にあたっては，

> - 環境にどのような価格をつけるのか
> - ある製品を1単位追加生産したとき，社会全体として追加的に得られる便益（ベネフィット）と，社会全体が追加的に負担する外部費用の情報を正しく入手できるか

といった難問がある．これら取引の公平・公正がなければ社会が混乱し歪められ，結局は商品の価格に上乗せされるだけにもなりかねない．しかし現在，直接規制，補助金，排出権取引制度といったさ

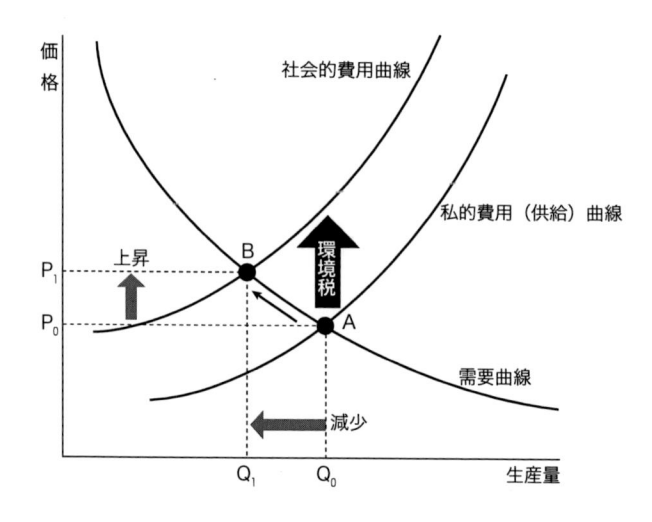

図5-2　社会的費用と環境税

まざまな環境政策手段があるなかで，環境税は，経済学的に工夫されたその後のアプローチにより，環境対策に最も有効な手段になりつつある．

5.5 持続可能で豊かな社会を求めて

持続可能な発展について，さまざまな国際会議における合意文書のなかにその理念を見てきた．持続可能な発展の目標には，現在世代だけではなく，将来世代を含めた地球上のすべての人々の豊かな生活が含まれている．これまで考察してきたように，持続可能な発展とは，次の三つの柱がバランスよく機能して初めて達成される（図5-1 参照）．

① 環境の持続性
② 経済の持続性
③ 社会の持続性

持続可能性を示すさまざまな指標（貧困，健康，人口，教育，生物多様性，淡水，経済発展など）から見る現在は，その到達点に向けて未だ道半ばである．

豊かさについてもさまざまな指標が提示されているが，一人あたりのGDP[*12]は，問題もあるが最も一般的な指標である．2011年度の上位国と下位国の一人あたりのGDPを表5-2に示した．また，アルミニウムおよび鉄鋼の世界における生産量の推移を図5-3に示している．一人あたりのGDPは，先進国に比してアフリカの国々では小さく，豊かさにおいて南北格差はまだまだ大きい．工業化においても先進国では資源，エネルギーを多量に消費しながら発展を続けてきた．一方，発展途上国は，その原料となる自然資源の輸出収入がその国の収入全体に対し大きな比率を占めている．

世界は持続可能な発展を求め，私たちは深刻なジレンマに直面している．成長を抑えれば経済や社会の崩壊を招く恐れがある．しかし，成長を追い求めれば，私たちの生存基盤である生態系を危険にさらすことになる．有限な地球の生態系の範囲内で，人間としてよ

[*12] 補説
◆ GDP
GDP（Gross Domestic Product：国内総生産）は，一定期間に国内で新たに生み出された最終財・サービスの総額のこと．二重カウントを避けるため，原材料等の中間財・サービスは含めない．国の人口で除したものが「一人あたりGDP」．

表 5-2　2011年の一人あたり GDP（単位：ドル）

順位	国	GDP	順位	国	GDP
1	ルクセンブルグ	113,533	22	イギリス	38,592
2	カタール	98,329	25	イタリア	36,266
3	ノルウェー	97,254	⋮		
4	スイス	81,160	35	韓国	22,777
5	アラブ首長国	67,007	⋮		
⋮			85	中国	5,413
14	USA	48,386	⋮		
⋮			171	ウガンダ	477
18	日本	45,920	175	ニジェール	399
19	フランス	44,008	177	エチオピア	360
20	ドイツ	43,741	179	リベリア	267
⋮			181	コンゴ	216

IMF データによる．

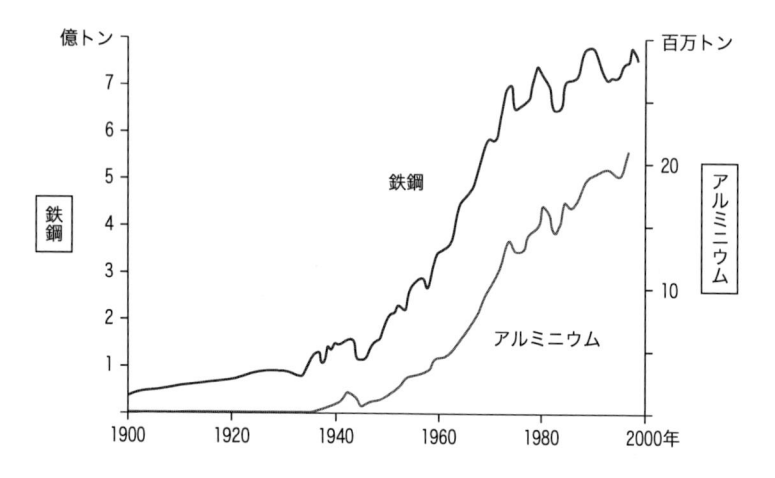

図 5-3　鉄鋼・アルミニウムの生産量推移
海外鉄鋼統計，国連世界統計年鑑などをもとに作成．

りよく暮らせる社会をめざすことが，私たちに課された課題である．生態系の限界は広がらない．持続可能な発展では，環境的持続可能性を確保しながら経済的・社会的に発展することが求められている．

　『Our Common Future』（p. 62 参照）の第 8 章には「工業——少をもって多を生産する」があり，冒頭で次のように書かれている．

> 工業は近代社会における経済の中心を占め，成長の欠くことのできない推進力となっている．開発途上国にとっては，開発の基盤を拡大し，増大するニーズを満たすための基本的に重要な要素である．また，先進工業国では脱工業化時代，情報化時代を迎えつつあるといわれているが，それも工業の発展があって初めて可能となる．……工業は自然の資源基盤から原材料を取り出し，人間環境に生産物と汚染の両方を提供する．工業は環境の質を高めることもできるし，悪化させることもできる．工業は，常にその両方を行ってきた．

革新的な科学技術の開発が今後とも，持続可能な発展への重要な鍵を握ることは変わらない．

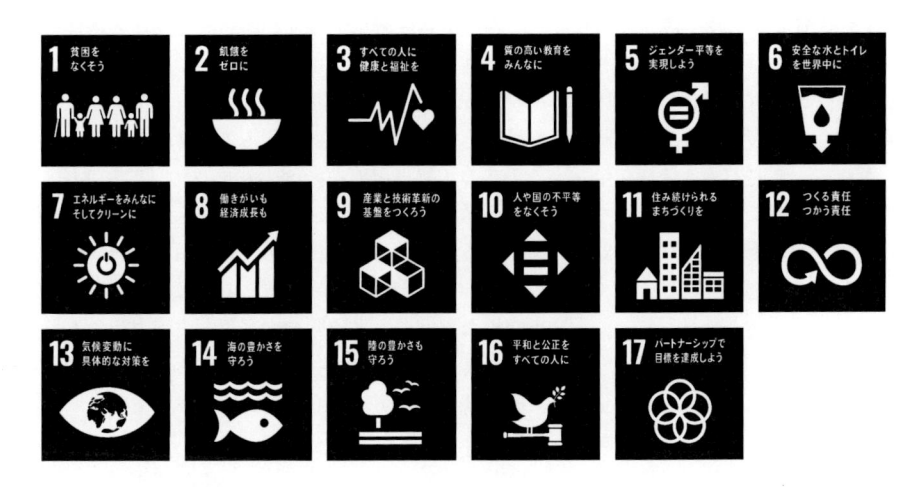

図 5-4 持続可能な開発目標（SDGs：Sustainable Development Goals）の図（17 のゴール・169 のターゲット）

考えよう・話し合おう

- 資源を持続可能なものとするためには，どんなルールを設ける必要があるか，そのために何が必要か提案してみよう．
- 環境税は導入すべきか．また，もし導入するならどんな価格にするのがいいか考えてみよう．

Technological Column   No. 5

水資源と膜技術

■世界人口の急増と水問題

現在，世界人口は年間に約1億人の割合で急増しており，今世紀中には100億人を超えると予想されている．地球温暖化やエネルギー・食料問題といったさまざまな環境問題は，この人口急成長のなかで世界人口100億人の時代にどのように対処するかという課題だといっても過言でない．

21世紀は水の世紀といわれるが，これらの地球環境問題が「水の姿」となって現れているともいえる．地球上の水資源の97.5％は海水であり，残りの淡水資源でもわれわれが使えるのはわずか0.01％といわれる．また，地球温暖化にともなう気候変動は，大洪水や大干ばつ，砂漠化などをもたらし，水資源を局在化させている．さらに，新興国では急速な産業発展が進み，水源水質の悪化が深刻な問題となっている．このような水問題が顕在化するなか，世界各地で水をめぐる紛争や戦いが勃発している．

■一過型水利用の限界

地球上では，太陽エネルギーによって海水が蒸発し，雨となって地上に舞い戻る淡水資源の大循環が起こっている．近代社会の水利用システムでは，上流河川や湖沼から水を取水して浄化し，上水道として利用し，その排水を下水道として処理して再び河川に戻し，その下流地域でも同様に利用される，いわば一過型の水利用が行われている．

現在の水問題の多くは，この一過型水利用の限界によってもたらされている．世界人口100億人の時代の水利用システムでは，自然界で循環する水資源を利用して，必要なときに，必要な場所で，必要な量と質の水を，最小のエネルギーで造り出せる技術と社会システムの構築が必要となる．

■膜技術の可能性

20世紀後半に発達した膜技術は，効率的な水循環社会システム構築に大きな役割を果たすであろう．それは以下の本質的特徴をもっているためである．
① MF（精密濾過），UF（限外濾過），NF（ナノ濾過），RO（逆浸透）の各分離孔径（μmからÅ）の膜を用いて分離限界を明確にした設計ができる．
② 小規模・分散型水処理システムに適する．
③ 運転が自動化でき管理が容易である．

また，有機・無機の種々の膜材料を用途と機能に応じて使い分けられ，中空糸やスパイラルなどの膜モジュールや，運転方法および処理システムを原水水質に応じて最適に設計できるのも特徴といえる．

現在の水処理用膜技術は，浄水，排水回収，MBR（膜分離活性汚泥法）および海水淡水化の用途に大別できる．**下図**に膜技術を用いた水循環社会システムのモデルを示す．膜利用による分散型水処理は，小規模な水回収と多段階の水利用を実現するのみならず，水の輸送エネルギーを削減する．災害時の水供給の観点からも有用な技術と期待されている．

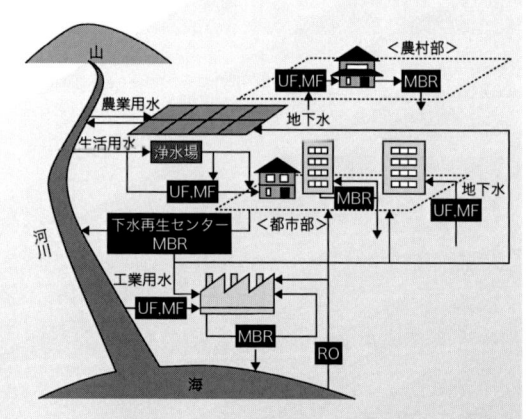

膜技術による水循環社会システム

第Ⅱ部

環境倫理の実践的課題

6章 資源とエネルギー

本章では，急激な世界人口の増加と経済発展によって危機に直面している資源問題の背景を探るとともに，エネルギーを中心に，現在と将来の課題を考える．

人間活動がもたらす環境破壊は，自然界の回復力をはるかに超えており，人類全体の持続的発展を困難にしている．石油などの化石資源は，多消費型の先進国にはもちろんのこと，発展途上国にとっても輸出収益源として不可欠である．近年では，新興国やそれに続く国々で工業化が急激に進み，資源消費が増大している．資源は，国際間の政治と経済問題，紛争や戦争の火種となり，その解決や妥協の道具になっている．したがって，これらの問題はグローバルな見地から環境倫理の側面でも考察しなければならない．

また，2011年3月に起きた福島原発の事故は，エネルギー資源利用の多様化や資源の持続性を考えるうえで，大きな教訓になるものと思われる．

6.1 資源の枯渇と人口問題のかかわり

6.1.1 資源の埋蔵量と可採年数

有用資源のうち，典型的な枯渇型といえる資源の**埋蔵量**や**可採年数**などを表6-1に示す．

基幹のエネルギー源，さらに先端の工業原料，社会インフラに不可欠である**化石資源**や**希少金属**[*1]などは，推定（確認）埋蔵量と年間の生産・消費量から可採年数を予測することができる．現状では，インジウムは10年未満．金銀銅やニッケルなども30年前後である．石油の確認埋蔵量もわずか40年ほどであり，石油に代わる代

[*1] 補説
◆希少金属
レアメタル（マイナーメタル）．非鉄金属のうち流通や使用量の少ない希少な金属で，合金などに使用される．なお，レアアース（希土類金属）は17種類で，強磁性体や蛍光体などの先端材料に不可欠な金属材料である．

表 6-1　金属資源，ウランなどの可採年数

名称	埋蔵量など (万トン)	世界消費量 (年:万トン)	日本消費量 (年:万トン)	可採年数 (年)
金	4.2	0.3	−	20
銀	27	2	−	30
銅	48,200	1,796	125	27
ニッケル	6,440	155	20	42
インジウム	0.28	0.045	0.02	6
タングステン	290	7.3	−	80
アンチモン	180	11.2	−	90
コバルト	700	5.8	1.4	122
ウラン	631	6.9	−	(91)

資源エネルギー庁・鉱物資源課，JOGMEC（2008），物質・材料研究機構（2008），エネルギー白書 2010 の資料をもとに作成．

替化石型資源の天然ガスも北極海などで確認量は増えているものの 60 年ほどである．私たち一世代で枯渇してしまう深刻さである．原子力エネルギー源であるウランの可採年数も，2010 年の確認量では 100 年以下である．

6.1.2　急激な人口増加

　先進諸国の人口は，少子化によって減少に向かっているが，途上国の人口はこれまでにない速さで増加している．世界の人口は 2011 年には 70 億人を超え，年間約 7000 万人も増えており，これはヨーロッパ先進国（英，仏，独，伊など）の 1 国の人口に相当する．第二次大戦後の 1950 年の世界人口は約 25 億人であったが，2050 年の人口は 92 億人程度と推定され，100 年間の増加率はなんと 3.7 倍となっている．

　わが国を含む先進工業国の平均的な**出生率**[*2]は 1.65 である．この数値は人口増減の均衡点の目安とされる 2.0～2.1 を大幅に下回り，政府は人口減少の歯止め政策に懸命である．一方，後発の途上国の平均出生率は 4.23 と高く，この急激な人口増加は食料や水資源の不足による深刻な飢餓を生んでいる．人口も多く，経済成長の大きいブラジル，ロシア，インド，中国の 4 ヵ国（BRICs[*3]）は，中国とインドだけでも 25 億人で世界人口の 3 分の 1 を超えている．BRICs の出生率は，経済発展，教育の向上などとともに急激に下が

[*2] 補説
◆出生率
通常，比較のために「合計特殊出生率」（1 人の女性が一生に産む子どもの平均数）で示し，15〜49 才までの女性の年令別出生率を合計する．

[*3] 補説
◆ BRICs
ブラジル（Brazil），ロシア（Russia），インド（India），中国（China）の頭文字を合わせた 4 ヵ国の総称．

表 6-2 世界各国の人口と指標

順位	国名	推計人口（百万人）	出生率（％）	国民総所得*1（USD $/人）	一次エネルギー消費量〔kg（石油換算）/人〕	初等教育への支出（GDP 中の%/人）
1	中国	1,354	1.77	6,020	1,484	－
2	インド	1,215	2.03	2,960	529	8.9
3	アメリカ合衆国	318	2.07	46,960	7,766	22.2
4	インドネシア	233	2.10	2,830	849	－
5	ブラジル	195	1.78	10,070	1,239	－
6	パキスタン	185	3.79	2,700	512	－
7	バングラデシュ	164	2.25	1,440	163	10.5
8	ナイジェリア	158	5.07	1,940	722	－
9	ロシア	140	1.41	15,630	4,730	－
10	日本	127	1.25	35,220	4,019	21.9
11	メキシコ	111	2.12	14,270	1,750	13.4

国連統計 2010 をもとに作成．
*1 購買力平価（PPP）を換算係数に用いて国際的なドルに換算した国民総所得（GNI）．

っているが，先進国の悩みとは裏腹に，世界全体の人口は急激に増加している（**表 6-2**）．

　国際社会での資源・環境問題の最大の鍵は，圧倒的な人口増加と市場経済の急激な拡大に，地球の資源量が追従しうるかという素朴な疑問に応えることである．

6.1.3　人口問題と食料・資源問題の克服に向けて

　世界の国々を見渡すと，人口問題が本質的に資源の枯渇，ひいては環境の破壊や汚染問題の根幹にあることはまちがいない．

　有限の資源を持続させるには，世界各国が自国の人口動態に強く関心をもち，将来的な見通しに従って，具体的な意識変革や政策を実行することが必要である．

　表 6-3 を見ると，その国の経済的な豊かさが，出生率や社会指標に大きく反映していることがわかる．地域のイデオロギー，政治体制と政策，宗教や文化などの違いはあるが，人口過多の問題解決には，まずその国の産業を高めることにより生活基盤の向上と安定をはかり，教育システムを整備・充実することも重要である*4．

*4 補説
人口過多に対しては，①産児制限，②移民，③貧困対策（食料などの不足の解消）などの対策がとられる．①や②は均衡を欠いた人口増に対する対策だが，中国政府の一人っ子政策（産児制限）などは人口構造などの歪みを生んだ．そこで，国民自身が産制を意識する教育が重要となる．表 6-2・6-3 にあるような生活レベルを示す社会的経済指標の大小がその目安になる．

表 6-3　世界の地域別人口と社会経済指標

地域	人口 (百万人) 2010年	推計人口 (百万人) 2050年	人口増加予測 (倍) 2050年/2010年	合計特殊出生率 (%) 2010年	国民総所得[*1] (USD $/人) 2008年	一次エネルギー消費量 〔kg(石油換算)/人〕 2007年
世界	6,909	9,150	1.3	2.52	10,357	1,820
先進工業地域[*2]	1,237	1,275	1.0	1.65	–	–
開発途上地域[*3]	5,672	7,946	1.4	2.67	–	–
後発途上国[*4]	855	1,672	2.0	4.23	1,338	309

世界人口白書 2010, 国連人口基金 UNFPA の資料をもとに作成.
＊1　PPP による GNI
＊2　北米, 日本, ヨーロッパ, オーストラリア, ニュージーランド
＊3　アフリカ全域, ラテンアメリカ・カリブ海地域, 日本以外のアジア, 太平洋島嶼国
＊4　国連の基準による対象国 (Least Developed Countries)

6.2　化石エネルギー資源の消費と見直し

6.2.1　経済成長とエネルギー資源の消費増大

世界の国々の人口増加と経済成長は，急激なエネルギー消費量の増大をもたらしている（図 6-1）．2020 年のエネルギー消費量は石油換算で約 140 億トン（toe[*5]）である．**化石燃料が全体の 84.3 %** を占め，その内訳は，**石油 (31.2 %)，天然ガス (24.7 %)，石炭 (27.2 %)** である．これらの化石燃料は燃焼により二酸化炭素を発生し，地球温暖化の主要因となる．化石燃料以外に，水力 (6.9 %) や原子力発電 (4.3 %) や水力以外の再生可能エネルギー (5.7 %) があるが，これらは 2020 年度全体の 16.9 % 程度にすぎない．

化石資源は，第二次世界大戦後の世界的な高度成長期の 1960 年代から工業原料やエネルギー源として，埋蔵量の多い石炭に代わり，安価で供給が安定し利便性の高い石油が多用されるようになった．その後，SOx[*6] やばいじん[*7] などによる大気汚染の影響が少ないクリーンな燃料として天然ガス（LNG）に大幅にシフトしている．しかし，化石資源は産出国の資源戦略に翻弄され，需給問題や価格高騰をもたらした．さらに究極の問題として，将来枯渇するという不安がある．

[*5] 補説
toe：石油換算トン (tonne of oil equivalent).

[*6] 補説
◆ SOx
硫黄酸化物の総称で，「ソックス」ともいう．石油や石炭などの化石燃料を燃焼し，硫化物鉱石などを培焼するときに排出される．二酸化硫黄，三酸化硫黄などが大気中の水分と結合して硫酸ミストとなり，酸性雨の原因になる．対策として，高煙突，重油脱硫技術，排煙脱硫技術，天然ガスへの燃料転換などがある．

[*7] 補説
◆ ばいじん
「ばい煙」のひとつで，すすや燃えかすの固体粒子状物質のこと．石炭や石油系の燃料の燃焼にともない発生する．大気中に排出されたあと，地上に降りてくるものを「降下ばいじん」という．

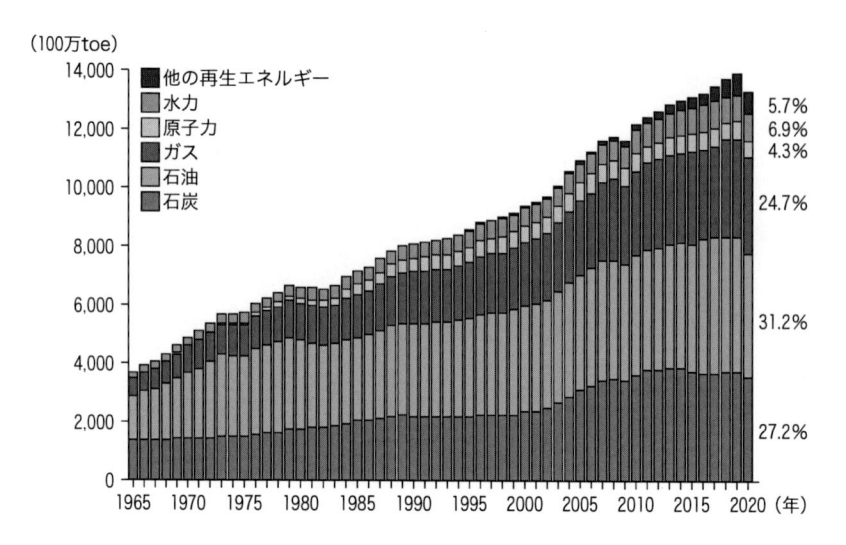

図6-1 世界の一次エネルギー消費量の推移
経済産業省「エネルギー白書2022」より.

6.2.2 石油ピークと資源戦略の恐怖

　1956年,キング・ハバート(アメリカ)は「石油ピーク」(Oil Peak)を予測し学会で発表した.その内容は石油需要が2010年を待たずに生産を上回り,需給のピークを迎えるという衝撃的なものであった[*8].実際,油田の発見は1970年代をピークに極端に低下しており,資源に対する不安材料のひとつになっている.

　2009年の米エネルギー情報庁による世界の石油確認埋蔵量は13,542億バレルで,サウジアラビアやイラクなどの中東OPEC[*9]諸国が60％以上(8359億バレル)を占めている.2009年の世界の石油生産量は日量8439万バレルで,中東はその約30％(2440万バレル)を占め,生産の主導権はこれらの産油国が握っている(**表6-4**).OPECは確認埋蔵量から見ると,保有資源を温存して採掘寿命の延命を図り,石油供給を調整出荷できる資源カードを保持している.

　わが国は,1980年代から世界的な規制緩和の波で石油取引が自由化され,わずかな国産原油生産も実質的に閉鎖された.小資源国として国際情勢に左右されないように,石油開発企業や商社は,海外での権益を取得する「**自主開発油田**」開発を急いでいる.しかし自主開発の輸入原油は,原油総輸入量の18％程度(2008年)である.

[*8] 補説
国際エネルギー機関(IEA)は2010年,世界の在来石油の生産量は,2006年の7000万バレル/日をピークに,6800万〜6900万バレル/日前後で停滞する可能性が高いと発表.ただし,今後も天然ガス液(NGL)などを含めた石油系燃料全体としての生産量は増加していくと予測している.

[*9] 補説
◆ OPEC
Organization of the Petroleum Exporting Countries:石油輸出国機構.石油産出国の利益を守るために1960年に設立された産油国の組織.

表6-4 世界の石油確認埋蔵量と生産量

順位	国名	確認埋蔵量（億バレル）			
		中東	アフリカ	南北米	アジア（中東除く）
1	サウジアラビア	2,624			
2	カナダ			1,752	
3	イラン	1,376			
4	イラク	1,150			
5	クウェート	1,040			
6	ベネズエラ			994	
7	UAE	978			
8	ロシア				600
9	リビア		443		
10	ナイジェリア		372		
11	カザフスタン				300
12	カタール	254			
13	中国				204
14	アメリカ			191	
15	ブラジル			128	
16	アルジェリア		122		
17	メキシコ			104	
小 計		7,422	937	3,169	1,104
世界全体		13,452			
埋蔵比率（％）		55％	7％	25％	8％
2009年 生産比率（％）		29％	10％	25％	21％

米エネルギー情報庁（2010年）資料をもとに作成.

6.2.3 石油危機の経験

1973年に第四次中東戦争が勃発し，OAPEC（アラブ石油輸出国機構）は石油の減産・禁輸を行った．その結果，原油価格は一挙に1972年末の約5倍に値上がりし，世界経済は大打撃を受けた（**第一次石油ショック**）．さらに，1979年にイラン革命が勃発し，原油は再び価格が急騰した．1980年にはイラン・イラク戦争が起こり，両国の石油輸出がストップしたため石油価格は2.5倍に上昇した．またドルが急落し，1バレル＝2ドルほどの石油が，数年で一挙に10倍の20ドル時代を迎えることになった（**第二次石油ショック**）．

二度の石油ショックで,世界も日本も経済崩壊の危機に遭遇した．西側の先進各国は石油消費の抑制とエネルギー源の多様化を図っ

た．わが国も大不況克服のために産学官あげて省資源・省エネルギーに取り組んだ．結果として「重厚長大から軽薄短小」へと産業を転換し，技術立国の立場を固めたといえる．

なお，日本政府は非常時の施策として全国10ヵ所に国家石油備蓄基地やさらに液化石油ガス（LPG）備蓄基地を建設し，民間備蓄を含めて新たな国際的な石油供給危機に備えている[*10]．

6.2.4 化石エネルギー資源からの転換の必要性

1980年，日本の電力用燃料は46％を石油に依存していたが，燃料の転換努力を重ねた結果，ほぼ四半世紀後の2004年には石油はわずか10％となり抜本的な低減に成功した．ちなみに同年は，原子力30％，天然ガス25％，石炭25％の依存度となった．

新たな化石燃料として，**オイルサンド**（Oil Sand），**シェールガス**（Shale Gas）[*11]，**シェールオイル**（Shale Oil），**メタンハイドレート**など，**非在来型化石燃料**が注目されるようになった．これらの推定埋蔵量は，石油の数倍といわれている．しかし，そのエネルギー密度や抽出のための資源化コストといった経済性の観点から商業化が困難であったが，石油の高騰による相対的な採算性の上昇や採掘技術の向上により，シェールガス，シェールオイルはエネルギー資源として実用化された．

中国などの新興国BRICsが石油資源や希少資源の囲い込みと価格高騰に拍車をかけており，そのうえに発展途上国がモータリゼーションを基調にして化石資源の需要を大きく拡大させている．

エネルギーの選択や多消費の生活スタイルを見直し，資源問題全体を新しく展望する絶好の機会である．また，日本の優れた省エネ・省資源技術などを含めた科学技術を世界に普及させることも，資源枯渇対策の急務といってもよいだろう．

6.3 原子力エネルギーの現状と課題

6.3.1 原子力エネルギー利用の現状と原発事故

2009年の世界全体における原子力のエネルギー比率は5.4％である．日本では13.3％と高く，アメリカやフランスに続く原発大

[*10] 補説
日本では，民間備蓄と国家備蓄の両方式があり，合計で約200日分（5.5億バレル）備蓄している（2010年）．
・国家石油備蓄（約5000万KL，10ヵ所）
・国家石油ガス備蓄（150万KL，5ヵ所）整備中．
アメリカは17，ドイツは2.8，フランスは1.8，韓国は1.6である（単位は億バレル）．

[*11] 補説
◆シェールガス
非在来型天然ガスの一種．在来型との違いは，固くて薄片状に剥がれやすい性質をもつシェール（頁岩）に貯留していることである．商業的生産は米国のみで行われており，1970年代末に始まった．生産性は低いが，水圧破砕など採取技術の向上と1980年代からの税制優遇を受けて生産量が増大した．シェールガスの埋蔵量はきわめて大きく，アメリカで数百～1000，世界では数千（tcf）との推定がある．1 tcf（兆立方フィート）はLNG約100万トン/年×20年に相当する量である．

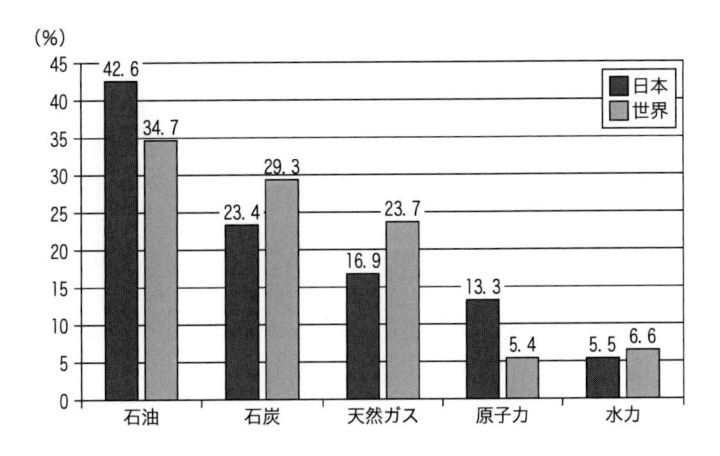

図 6-2 世界と日本のエネルギー消費構成
2009 年 BP 統計などをもとに作成.

国である（**図 6-2**）.

　世界の**原子力発電所**は 30 カ国で 435 基（約 3 億 7000 万 KW）が稼動している（**表 6-5**）．アメリカでは 100 基以上，欧州では 140 基を超える原子力発電所があり，現在建設・計画中は 28 ヵ国 189 基（約 2 億 KW）となっている．

　世界の原子力政策は，1979 年のアメリカ・**スリーマイル島**（レベル 4）および 1986 年の旧ソ連ウクライナ・**チェルノブイリ**（レベル 7）での大きな原発事故により停滞したが，21 世紀初めから 10 年間に，エネルギー消費が急増する新興国だけでなく，原子力に消極的だった欧米諸国までが地球温暖化と化石燃料の枯渇を懸念して増設へと見直し始めた．

　しかし，2011 年 3 月に起こった震度 6（マグニチュード 9 [*12]）の**東日本大震災**によって，東京電力福島第一発電所の原子炉施設 4 基が大損壊し，核燃料の冷却不全による**炉心溶融**（**メルトダウン**）と**水素爆発**で原子炉建屋が破壊され，大規模な放射能汚染事故が起こった．国際原子力事象評価尺度では最悪の INES レベル 7 であり，放射線被害が広範囲に広がった．原子力エネルギーの商用発電利用の是非について，国内外で最大の試練と岐路が訪れている．議論を重ね，最良の道を模索していかなければならない．

[*12] 補説
阪神淡路大震災は M7.3，関東大震災は M7.9，広島の原爆は M6 レベルである．マグニチュードが 1 増加すると，エネルギーは約 30 倍増加する．M9 の地震エネルギーは，阪神淡路大震災の 350 倍となる．

表 6-5 世界の原子力発電所

国名	運転中 出力*1	運転中 基数	建設中 出力	建設中 基数	計画中 出力	計画中 基数	合計 出力
アメリカ	106,061	104	−	−	1,200	1	107,261
フランス	66,020	58	1,630	1	−	−	67,650
日本	49,467	54	2,565	3	14,945	11	66,977
ロシア	23,194	32	6,154	11	5,500	(5)	34,848
ドイツ	21,371	17	−	−	−	−	21,371
韓国	17,716	20	6,800	6	2,800	2	27,316
ウクライナ	13,835	15	2,000	2	−	−	15,835
カナダ	13,425	18	−	−	−	−	13,425
イギリス	11,952	19	−	−	−	−	11,952
スウェーデン	9,384	10	−	−	−	−	9,384
中国	9,118	13	7,900	8	8,000	8	25,018
ベルギー	6,117	7	−	−	−	−	6,117
台湾	5,164	6	2,700	2	−	−	7,864
インド	4,120	19	3,160	6	6,800	8	14,080
世界合計		435		43		53	

2008年1月現在. 日本原子力産業協会資料, エネルギー白書2010をもとに作成.
*1 出力の単位は千kW.

*13 補説
◆マンハッタン計画
アメリカが, 第二次世界大戦中のルーズベルト大統領の時代に, 枢軸国に先んじて原爆開発を急ぐために, 亡命ユダヤ人を中心として科学者, 技術者を総動員した国家計画. 科学部門のリーダーはロバート・オッペンハイマーで, 研究所はロスアラモスに置かれた. 1945年7月世界で初めて原爆実験(実験名：トリニティ)を行った. 直後の同年8月6日に広島に, 8月9日に長崎に原爆を投下した. 原爆による推定死者は, 広島14万人, 長崎7万人で, 被爆者手帳の保有者は約22万人.

*14 補説
日本の原子力発電は, 日本原子力研究所の東海研究所で, 研究炉JRR-1が1957年に初臨界し, 1963年に動力試験炉JPDRがアメリカ・GE社の設計で初発電した. 最初の商用炉GCRは, イギリス・コールダーホール改良型黒鉛減速炉(ガス冷却)が導入され, 1966年7月に東海発電所で営業運転を始めた.

6.3.2 原子力エネルギーの発見と原発普及までの歴史

放射線(X線)は, ドイツの物理学者ヴィルヘルム・レントゲン(1895年)によって発見された. その直後にアンリ・ベクレルやキュリー夫妻は, ウラン鉱石から放射性物質を分離することに成功した. ウランの「核分裂反応」はナチスの支配するドイツで1938年に発見された. 迫害によってアメリカに亡命したユダヤ系の科学者たちが, 米政府に対し, ナチスドイツに先んじて原爆を製造開発する「マンハッタン計画*13」を進言した. その結果1945年, 日本は原子爆弾による人類最初の被爆国となった.

一方, 原子力の平和利用については, 1942年にシカゴ大学のエンリコ・フェルミが「原子力エネルギーの制御」に成功し, 発電の原理を明らかにした. 世界最初の原子力発電は1951年に稼動したアメリカの高速炉「EBR-1」(1kW級)である.

日本でも1955年, 政治主導で原子力の平和利用目的での原発開発が始動した*14. 1970年, 本格的な商用軽水炉原発として, 米国GE社の技術で, 日本原子力発電の敦賀1号・軽水炉(BWR：沸騰水

型原子炉）が大阪万博開幕に合わせて稼働した．しかし，1980年前後には，アメリカ・スリーマイル島事故，旧ソ連・チェルノブイリ事故が起き，欧米では原発の推進を大幅に抑制した．一方，日本は1997年ごろまで毎年150万kWのペースで原発を拡大させていた．

21世紀に入ると，中国など新興国のエネルギー消費拡大のための電力確保や，地球温暖化対策と化石燃料資源の枯渇への社会意識が拡がり，欧米では原子力の再見直しの機運が出てきた．日本でも2005年ころから再び原発継続の方向に進むようになった．この動きは，「**原子力ルネサンス**」とよばれている．しかし，福島第一原発が世界最大レベルの事故を起こした結果，世界や日本の原子力エネルギー利用のシナリオと資源政策が大きく崩れようとしている．

6.3.3　日本の原子力政策と核燃料サイクルの再検証

原子力利用政策として世界的に「**核燃料サイクル**」（ウラン燃料のリサイクル）の実用化が始まっている．日本でも，使用済み核燃料を原発の核燃料（MOX）としてリサイクルする「**プルサーマル**」というシステムが用いられている[*15]．日本の再処理は1981年にフランスの技術により東海再処理工場で始まった．本格的な施設は青森県六ヶ所村再処理工場（日本原燃）にあるが，本格稼働に至らず，いまだ試運転中である．国内ではすでに使用済み燃料約3000トン（100万kW級原発1基あたりの使用済み燃料は年間30トン）が貯まっているが，本格的に操業が行われると年平均で総量約800トンが処理される予定である．

日本での再処理は，これまで欧州（英，仏）の再処理工場へ委託していたが，これらの海外再処理工場もアイリッシュ海の放射能汚染問題や火災事故などで注目を浴びている[*16]．

このような状況を加味し，原子力エネルギー全体の技術開発と安全性確保の工程表を検証し，環境問題を含めて将来のエネルギーの選択を真剣に議論しなければならない．

6.3.4　福島原発事故——科学者・技術者の責任と立場

原発は，近代における科学者や技術者たちの知恵による人間の高度な成果物である．福島原発の事故は，地震と津波の自然災害が想定した設計条件を超えて大災害を起こしたが，広義のヒューマンエ

[*15] 補説
使用済み燃料中の劣化ウランや天然ウラン（U 235＝約0.7％）と新しく生成されたプルトニウムとを混合（1/9）し，MOX燃料としてリサイクルする．プルトニウムは原爆製造の材料であるため，核不拡散条約（NPT）体制で，国連安保理常任理事国を除き日本のみが核燃料サイクルの特別な権利を付与されている．ただし，日本は余剰プルトニウムをもたない国際公約をしているため，核燃料サイクルの中止は原発の廃止につながる．課題はプルトニウムが核兵器に転用できることである（日本の蓄積は，すでに45トン）．途上国の原発開発には核兵器利用の懸念があることも国際問題となっている．

[*16] 補説
◆英：セラフィールド再処理工場
アイリッシュ海に臨む再処理工場群からなる施設で，原子力廃止措置機関（NDA）のもとで管理される．広域的な海洋汚染やいく度もの事故を起こしている．20世紀後半ごろからは日本の使用済み核燃料とかかわりが深く，2010年からは中部電力と独占契約している．浜岡原発の2011年における全面停止にともない存続の危機が指摘されている．
◆仏：ラ・アーグ再処理工場
1976年の運転開始以来，仏，日，独，伊など，世界の使用済み核燃料のおよそ半数を受け入れてMOX燃料に再処理する．2005年には1100トンを再処理．国際法にもとづき，再処理不能な放射性廃棄物は使用国に返還される．

ラーといえる．これまでの学問の常識を覆す事態と，技術への「信頼と過信」について，それにかかわった科学者・技術者はどう考えるべきだろうか？

2011年9月の日本原子力学会の大会では，原発事故を専門家として防止できなかった反省や批判が相次いだ．『学会は何が出来るか！』というパネルでは，「原子力安全の本格的な取り組みを避けてきた……」(宮野廣氏)，「事故への安全過信があり，真正面から事故に向き合い徹底した原因究明を……」(二ノ方寿氏)，「学会が世間からの信頼を得ていない……」(卜部逸正氏)，「常に改善の必要，安住してしまうのが課題……」(岡本孝司氏) などの意見が聞かれた．

また，生涯を新型炉の開発に捧げ今回の事故直後に引退したある原子力技術者は「最近の原子炉開発は，外部電源に頼らない完全自然循環冷却型が主流になっていたのだが，設計段階を終え実証試験による確認に進もうという段階で，とんでもない事故が起きてしまった．せっかく世界的に原子力ルネッサンスの流れが見えていたのに，お先真っ暗になってしまった……」と嘆いていた．

福島第一原発建設当時の世論は，「原子力の平和利用[*17]」を支持していたが，事故後は流れが変わった．科学者・技術者は，社会で進行中の議論や展開を理解しなければならない．そして少なくとも技術者は，どのような技術であれ安全に使いこなさなくてはならない．原子力エネルギーの平和利用としての採否も，この視点から十分に考える必要があろう．

6.4 資源・エネルギー問題の将来

日本のエネルギー自給率は，原子力発電を除くと，国内資源でまかなえる割合がわずか4％である．化石資源の枯渇や原子力エネルギーの安全リスクの問題を考えると，太陽や風力など大自然の営みを活用する「**自然エネルギー**」(**再生可能エネルギー**) への転換は有力な選択肢である．エネルギー多様化への挑戦は続いているが，このような人間の叡智の結集と地道な活動にも，市場経済の要素が絡んでくる．資源問題は南北問題をも含めて倫理的な考察と行動を求めている．

[*17] 補説
1953年，米国大統領アイゼンハワーがニューヨーク国連総会で提唱．戦後の東西冷戦から核開発競争が急速に進むなか，核戦争の危機感から原子力の平和利用について提案し，国際原子力機関 (IAEA) が1957年に設立された．日本も，核兵器でなくエネルギー資源としての核平和利用の大義を得て，日米協力のもと，政権や財界などの主導で原発開発が始まった．政治や経済の利益に翻弄されず，「リスクの高い核を対象として安全に使いこなす研究者や技術開発者」が高い倫理的な覚悟を問われる歴史的契機となった．

6.4.1 自然エネルギーへの転換と課題

化石燃料の代替エネルギーとして，**太陽光**，**風力**，**地熱**，植物由来の**バイオマス燃料**などの再生可能エネルギーの開発が進んでいる（図6-3）．ドイツは，2011年の福島原発事故を受けて，再度脱原発を決めた．この背景には，10年間で自然エネルギーによる発電を4％から17％に急増させたことがある．新しいエネルギーの実用電源の主力は風力で，菜種油由来のバイオマス燃料（**バイオディーゼル：BDF**）の普及も世界一である．自然エネルギーの利用という点では，日本は世界の潮流から大きく遅れている．

世界の新エネルギー産業の市場規模は約3兆ドル（2019年）で，そのほとんどは，太陽光（約1.4兆ドル）と風力発電（約1.4兆ドル）である．年々投資額は増加しているものの，1次エネルギーに占める割合は約5％（2019年）である．

世界各国は新エネルギーの**FIT**（**固定価格買取制度**）[*18]の導入促進で新エネルギーの成長を見込んでいる．日本でもようやく「**再生可能エネルギー特措法**」が成立し，2012年7月にスタートした．

化石系の電力や原発電力から新エネルギーへの政策転換は，その市場拡大が急務であるが，課題は多い．日本では風力発電や地熱発

[*18] 補説
◆ FIT (Feed-in Tariff, 固定価格買取制度)
おもに再生可能エネルギーの普及拡大と価格低減を目的に，エネルギー買取価格（タリフ）を法律で長期に助成する制度．世界50カ国以上で助成政策が行われている（太陽光発電のEU平均買取価格は58円/KWh）．日本は，2002年にRPS法（電気事業者による新エネルギー等の利用に関する特別措置法）で電気事業者に買い取りを義務化．2011年に再生可能エネルギー特措法，再生可能エネルギー買取法が成立したが，取り組みは遅れている．

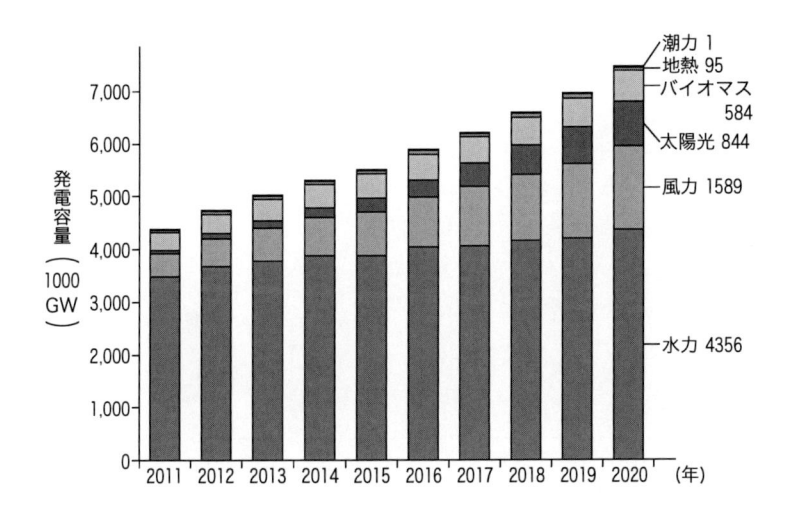

図6-3 世界の再生エネルギー発電設備容量
IRENAウェブサイト（2022年）より

潮力 1
地熱 95
バイオマス 584
太陽光 844
風力 1589
水力 4356

電が期待されているが，風力は供給安定性が低い．また，風力や地熱からのエネルギー供給は立地の偏在と送電網の不足などが壁となっている．自然エネルギーにも，原発問題の放射性物質の汚染リスクと同様に，立地性・総コストなど，利益と相反する問題があると認識することもたいせつである．

新エネルギーの**コスト**と**価格**の問題もクリアにする必要がある（**図6-4**）．世界的に再生可能エネルギーの普及に伴い発電コストが低下する傾向にある．なかには補助金なしでも石炭やガス火力発電と競合できるほどのコスト競争力をもつ再生可能エネルギー発電が見られるようになった．日本では，台風・地震などの自然災害への対応が必要で，太陽光発電や風力発電はLNG・石炭火力に比べ割高になっており，さらなるコストダウンが普及促進のかぎを握っている．

一方，原発の発電コストも，事故の損害賠償や除染費用，燃料再処理費や廃炉コストも含める必要がある．これまで日本の政府試算の原子力発電コストは5.3円/kW（2004年段階）で電力のなかで最も安いとされていたが，再検証による見直しの試算コストは11.5円以上となっている．

社会インフラの転換には私たちの負担が前提となり，その覚悟が必要である．次世代につなぐエネルギーの選択は，適切な判断がで

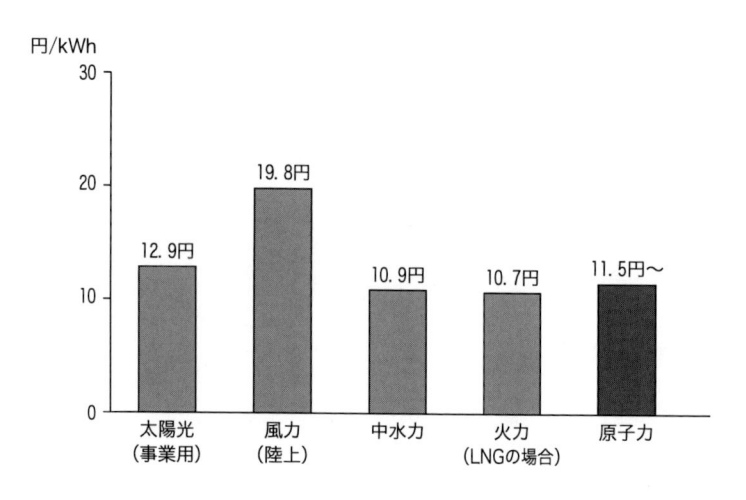

図6-4　エネルギー別発電コスト（2020年）
資源エネルギー庁資料をもとに作成．

きるよう，真の国民負担を含めて十分に吟味しなければならない．

6.4.2 バイオ燃料・食料資源と南北問題

化石燃料に代わる植物由来の新エネルギーとしてバイオ燃料（BDFやバイオエタノール）が実用化されている．2005年のアメリカのガソリンの消費量は3.8億kLで，これに対して1500万kLのバイオエタノール燃料が供給されている．2006年にはアメリカのトウモロコシ生産量の20％が燃料に転換された．食料資源の燃料化が加速すると，国際的な食料や飼料の価格高騰を招き，貧しい途上国の食料難をいっそう深刻化する結果となる．この状況はとりあえず沈静化に向かったが，今なお多くの食料価格の高騰の様相が続いている．バイオ燃料の推進には，世界的な貧困問題や食料需給についての倫理的な理解と実行が不可欠である．

日本の**食料自給率**は，1965年に73％（カロリーベース）だったが，2007年には40％まで低下した．この自給率は独・英のおよそ半分のレベルである．豪・米・仏などは農業大国で，自給率120～130％の食料輸出国である（**表6-7**）．

世界の食料問題や自給率は，日本や先進国だけの個別の問題ではなく，多くの途上国の貧困と飢餓に直結する．これまでは，先進国や新興国富裕階級の消費やサービスの快適さが優先され，貧しい地

表6-7 世界の食料自給率

	1965	1970	1975	1980	1985	1990	1995	2000	2002	2003	2007
オーストラリア	199	206	230	212	242	233	261	280	230	237	173
アメリカ	117	112	146	151	142	129	129	125	119	128	124
カナダ	152	109	143	156	176	187	163	161	120	145	168
フランス	109	104	117	131	135	142	131	132	130	122	111
スペイン	96	93	98	102	95	96	73	96	90	89	82
スウェーデン	90	81	99	94	98	113	79	89	87	84	78
ドイツ	66	68	73	76	85	93	88	96	91	84	80
イタリア	88	79	83	80	77	72	77	73	71	62	63
オランダ	69	65	72	72	73	78	72	70	67	58	75
スイス	48	46	53	55	60	62	59	61	54	49	54
イギリス	45	46	48	65	72	75	76	74	74	70	65
日　本	73	60	54	53	53	48	43	40	40	40	40

農林水産省試算（1961～2010カロリーベース）をもとに作成．

域との不均衡や次世代への持続性を軽視してきたように思える．これからの発展モデルは，2章のローマクラブ報告書でも見たようにゼロ成長も視野に入れて，消費優先を排除し自然環境の制約を尊重することや，物質以外の生活の質の豊かさをめざすことを考えるべきであろう．

　資源問題は国家の政策や市場資本によって支配される部分が大きいが，有限な埋蔵資源や食料・水資源問題の本質を見極めたうえでの行動が望まれる．わが国は技術立国であり，特に研究や技術開発にいそしむ技術者や研究者は，資源問題が世界や地域の環境問題と表裏一体であることを忘れてはならない．

> **考えよう・話し合おう**
>
> - 2011年の福島原発事故をふまえて，科学者・技術者はエネルギー問題を考えるとき何を重視すべきか，考えてみよう．
> - 発展途上国の経済や産業が発展し，資源・エネルギーの消費が増大していることに対してどうすればいいか，南北格差も考慮して考えてみよう．

Technological Column No. 6

バイオ燃料の現状と問題点

■バイオ燃料の問題点

地球温暖化の要因が化石燃料の燃焼による二酸化炭素の増加といわれて久しい．二酸化炭素を光合成で固定し，これを燃料とすることで化石燃料の消費を抑えようという短絡的発想から，世界中でいろいろな対策が検討され，一部は実行されていることは周知の事実であるが，その問題点はあまり知らされていない．

すでに，米国やブラジルでは，エタノールを自動車用の燃料として使用している．エタノールはグルコースを発酵させて製造されるが，発酵法では最大でも20％を超える程度の濃度でしか生産できない．蒸留して燃焼できる濃度に上げるために，多くのエネルギーを必要とする．ブラジルはサトウキビを用いて醗酵させるのでいくらかましであるが，米国ではコーンを使うので澱粉を糖化させる工程が必要となる．したがって，トータルの二酸化炭素収支は90％を超え，コストも石油に太刀打ちできない．産業としては成り立たないことは明白で，設備経費やさらには製品価格までをも税金によるカバーで成り立たせているのが実情である．

欧州では植物油をディーゼルエンジンに使用する動きが盛んである．しかし，植物油はオクタン価が低いため，化学的変性が必要となる．生産性にも問題が多い．現在，油種植物の単位面積あたりの収量は，最も多いパーム油で，1ヘクタールあたり5〜6トン．大豆やナタネで2〜3トンでしかない．パーム油は界面活性剤原料として大量に使われ，大豆油やナタネ油は食用として使われるため，助成金なしに好んで安価なディーゼルエンジン用に生産する人はいない．日本政府もバイオ燃料研究に補助金を出す動きが始まっている．

■生産性の高い植物開発への挑戦

奈良県の五條市に山林の下刈を燃料として火力発電をする小さな発電所がある．設備費は100％経産省の助成で作られたもので，関西電力は採算が悪いので子会社化し，そこの従業員は国有林の下刈りに出て，燃料確保に走っている．設備の保全や修理費も出ないと現場の人たちは嘆いている．

最近ちょっと話題になっている油種植物にヤトロハ（南洋アブラギリ）という植物がある．東南アジア原産の灌木で，その実は40〜60％の油を含む．油は少量の有毒成分を含むため食用にはされない．熱帯地方を中心に昨今栽培研究が始まっている．日本においても国が研究費を助成して遺伝子組換えによる生産性向上の研究が行われている．しかし，もともと野生植物であるヤトロハは，その栽培方法すら確立できていないものなので，画期的なディーゼル油として生産されるには相当の年月を必要とするものと考えられる．

ほかにも，既存の植物の改良によって生産性を向上させる研究が行われている．その一例として，光合成をレベルアップする遺伝子を導入することによってイモ類の澱粉の生産性向上を図ることを目的とした研究開発がある．これによって将来70億を超えた人類の食料問題を解決できるのも夢ではないと期待されている．

地球の緑地は陸の約20％にすぎない．現在の二酸化炭素排出量は，同じ面積の緑地があれば，すべて吸収できることになる．植物を燃やして燃料にするのではなく，生産性，環境適応性の高い植物を開発し，不毛の土地を緑にするほうが，食料問題と二酸化炭素問題を一気に解決できるのではなかろうか．

7章 地球温暖化

7.1 地球規模の環境問題

　周知のように，いま地球環境に大きな変化が生じている．20世紀最後の四半世紀には，国境を越えた酸性雨の被害が深刻になり，またフロンによるオゾン層破壊も問題になった．さらに，**地球温暖化**（Global Warming）という究極的な環境問題が拡大し続けている．

　地球温暖化は，地球表面の大気や海洋の平均温度を上昇させる現象であり，20世紀後半から，大気や海洋の平均温度の上昇，生物圏内の生態系の変化，海水面上昇による海岸線の浸食といった兆候が現れている．中国内陸部の乾燥化や砂漠化の進展にともない，紀元前から存在する黄砂もいっそう顕著になった．

　こうした事象は，気象変動と人為的要因の重なりによる**気候変動**（Climate Change）とされ，地球規模の統一した対策を必要とする．現在，気温上昇にともなう二次的問題まで含め，将来の人類や環境へ与える悪影響を考慮しながら対策が立てられ，実施されている．

7.2 地球温暖化のメカニズムと評価

7.2.1 温暖化のメカニズム

　太陽からの日射は大気層を通過して地表面で吸収され，加熱された地表面から赤外線の形で放射された熱が，**温室効果ガス**（Green House Gas；GHG）*1 に吸収されることにより地球が温暖化される（**図7-1**）．地球の平均気温はおよそ15℃に保たれているが，この温室効果ガスがないと地球の気温は−18℃に下がるといわれてい

＊1 補説

◆京都議定書（p.100参照）で削減対象とされた温室効果ガス
- CO_2 二酸化炭素（1.0）
- CH_4 メタン（21）
- N_2O 亜酸化窒素（310）
- PFCs パーフルオロカーボン（1300）
- HFCs ハイドロフルオロカーボン（6500）
- SF_6 六フッ化硫黄（23900）

※（ ）内は温暖化係数

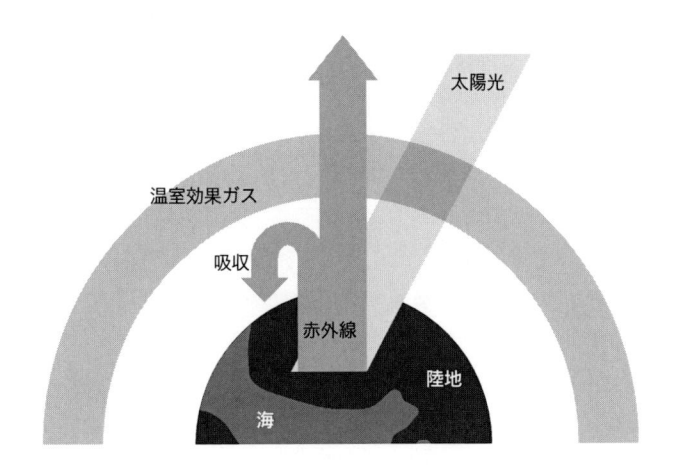

図 7-1 地球温暖化のメカニズム

る.

7.2.2 IPCC の役割

　IPCC（気候変動に関する政府間パネル）は，国連環境計画（UNEP）と世界気象機関（WMO）が 1988 年に共同で設立した．温暖化による気候変動のメカニズムと環境や社会経済への影響およびその対応策を評価し，科学・技術・社会経済などの情報を，世界の政策決定者（政府）をはじめ広く公共に提供する政府間組織である．本部はジュネーブに設置され，世界の多くの研究者とネットワークを組み活動している．

　気候変動（Climate Change）は，人為的要因と自然起源に関係する気候の時間的変動すべてのことである．しかし気候変動枠組み条約（United Nations Framework Convention on Climate Change；UNFCCC, p.99 で後述）では，短期的あるいは人為的なものに起因する気候の変動を特に「Climate Variability」としている[*2]．

　2007 年，温暖化対策に関する積極的な活動により，IPCC の組織（議長ラジェンドラ・パチャウリ）は，米国の元副大統領アル・ゴアとともにノーベル平和賞を受賞した．

　日本の温暖化対策に関する国際的な活動も活発に行われている．2021 年には「地球温暖化の気候予測モデルの開発」に貢献したとして，真鍋淑郎氏がノーベル物理学賞を受賞した．

[*2] 補説
気候変動の要因は，水蒸気（温室効果ガス），太陽活動（地磁気），エアロゾルなどの影響も考慮される．エルニーニョ現象などの温暖化は，「短期変動要因」の結果である．

7.2.3 IPCC 第6次報告書による温暖化の評価

IPCC 第6次報告書（アセスメントレポート；AR6）によると，「人間の影響が大気，海洋及び陸域を温暖化させていることには疑う余地がない．大気，海洋，雪氷圏及び生物圏において，広範囲かつ急激な変化が現れている」とはじめて，地球温暖化の原因が人間の活動によるものと断定した．そして，「人為起源の気候変動は，世界中のすべての地域で，多くの気象及び気候の極端現象にすでに影響をおよぼしている」とした．さらに，2015年以降についてのシナリオ*3 が提示され，シナリオごとに温度上昇の幅や影響が示されているが，いずれのシナリオにおいても，「少なくとも今世紀半ばまでは上昇を続け，向こう数十年の間に二酸化炭素及びその他の温室効果ガスの排出が大幅に減少しない限り，21世紀中に，地球温暖化は1.5℃および2℃を超えること」が示された（図7-2）．

気温上昇により気候システムは大きく影響を受け，「極端な高温，海洋熱波，大雨の頻度と強度の増加，いくつかの地域における農業及び生態学的干ばつの増加，強い熱帯低気圧の割合の増加，並びに北極域の海氷，積雪および永久凍土の縮小が発生する」と予測している．

*3 補説
AR6報告書で提示された地球温暖化ガスの今後の排出量のシナリオ
・SSP1-1.9：持続可能な発展の下で，工業化前を基準とする21世紀までの昇温を概ね約1.5℃以下に抑える気候政策を導入
・SSP1-2.6：持続可能な発展の下で，工業化前を基準とする昇温を2℃未満に抑える気候政策を導入
・SSP2-4.5：中道的な発展の下で気候政策を導入
・SSP3-7.0：地域対立的な発展の下で気候政策を導入しない中〜高位参照シナリオ
・SSP5-8.5：化石燃料依存型の発展の下で気候政策を導入しない高位参照シナリオ

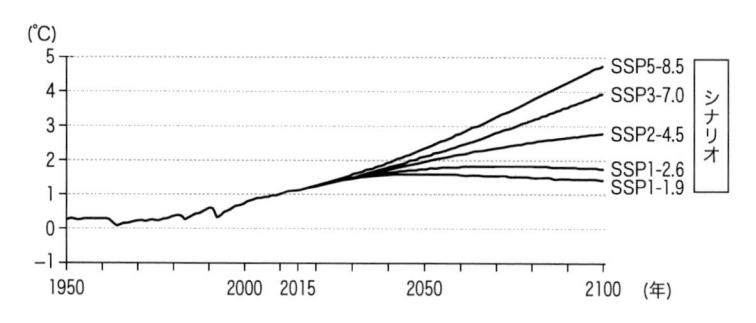

図7-2　1850〜1900年を基準とした世界平均気温の変化と予測
IPCC 第6次報告書より．

7.3　地球温暖化の背景と推移

7.3.1　温暖化の進行

18世紀の産業革命以来，地質時代の初期から形成された有機物由

来の膨大な地中炭素資源が消費され，二酸化炭素となって大気中に放出された（**図7-3**）．森林や海洋による二酸化炭素吸収が追いつかなくなり，そのうえ，森林面積の減少もこれに追い討ちをかけた．その結果，大気中の二酸化炭素濃度が，産業革命以降21世紀初頭までに，3割近くも増加した．

地球の大気層（約50 km）のうち，対流圏は12 km程度しかない．

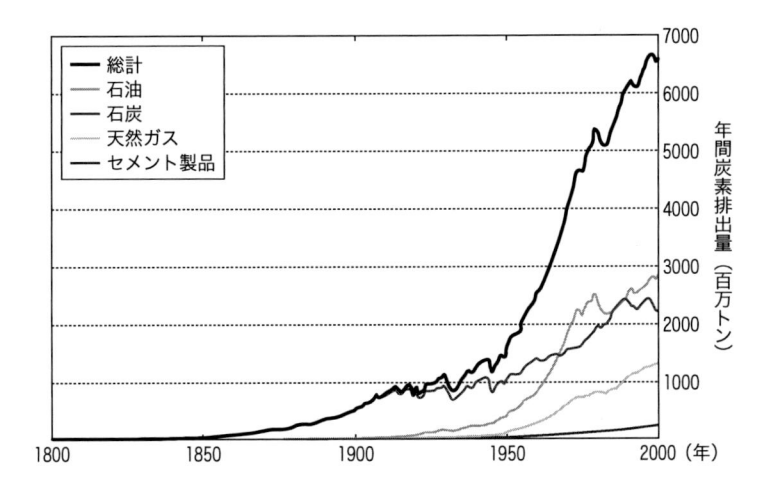

図7-3 世界の化石原料からの炭素排出量
Carbon Dioxide Information Analysis Center, Oak Ridge National Laboratory, U.S. Department of Energy, Oak Ridge, Tenn., U.S.A. 2003 をもとに作成．

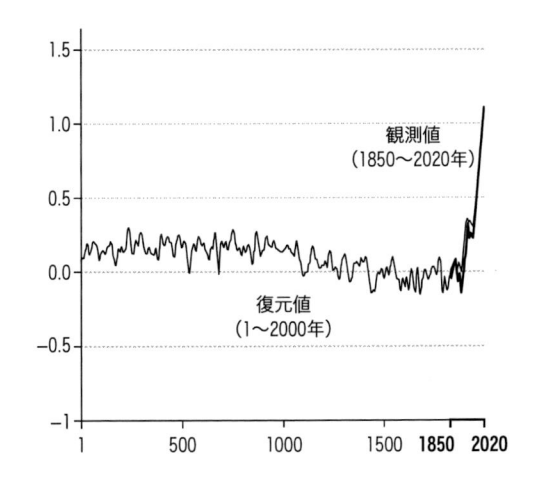

図7-4 1850～1900年を基準とした世界平均気温（10年平均）の変化
IPCC 第6次報告書より．

この薄い対流圏で温室効果ガスの濃度が高まり，地球温暖化が進展している．地球史に見られる温度変化は小幅で，平均気温の変化は氷河期と間氷期の間でも4～7℃程度である．また，ハワイの山上気温観測点では，過去100年間に平均気温が約0.7℃上昇したにすぎなかった．

1850～1900年を基準とした世界平均気温（10年平均）の変化を**図7-4**に示すが，人間の影響は，少なくとも過去2000年間に前例のない速度で，気候を温暖化させてきた．

7.3.2 国際的な取り組みの開始

近代ヨーロッパの農業革命，産業革命による自然の開発と支配，さらに，戦後の急速な人口増加と大量消費・大量廃棄社会は，さまざまな地球環境問題の原因となり，近年特に顕在化してきた．

しかし，1948年の第3回国連総会で『世界人権宣言』が採択されたときには環境にかかわる問題の指摘はまったくなかった．1972年，国連人間環境会議がストックホルムで開かれ，初めて「**人間環境宣言（ストックホルム宣言）**」が採択された（p.61参照）．開発抑制，環境保護優先を主張する先進国と，貧困や低開発からの脱却のための開発優先と援助増強を主張する未開発国との対立のなかでの採択であった．この年には「**国連環境計画（UNEP）**」も設立された．

地球環境にかかわる問題として，1974年に，**フロンガスがオゾン層の破壊をもたらしている**という学術論文[*4]が発表された．フロンは，化学的に安定で安全な物質と信じられ，多くの優れた性質をもち，冷凍機の冷媒，半導体の洗浄剤，エアゾルの噴射剤などとして広く使用されてきた．ところがフロンガスが大気圏で思いがけなくオゾン層の破壊に影響することが明らかになった．

1985年「**オゾン層保護に関するウイーン条約**」の採択で，特定フロン[*5]の生産・使用削減が合意された．以後，塩素を含む代替フロン[*6]を含めて，世界で全廃化が進んだ．温暖化の視点からいえば，この代替フロンも温室効果ガスである．発明や進歩の是非は単純ではなく，たえず歴史的な検証と評価が必要であることがわかる．

7.3.3 気候変動枠組み条約

急激な温暖化は，生態系や人類社会の対応が追いつかない深刻な

[*4] 補説
カルフォルニア大学ローランド教授らは，CFCなどがオゾン層を破壊する実態を発見し，世界規模の排出規制に導いた．これにより1995年，ノーベル化学賞を共同受賞した．

[*5] 補説
◆特定フロン
モントリオール議定書で規制された物質，1994年までに全廃とされた．
・特定フロン5種類：CFC-11（フロン11），CFC-12（フロン12），CFC-113（フロン113），CFC-114（フロン114），CFC-115（フロン115）

[*6] 補説
◆代替フロン
特定フロン類の代替品として開発が進められているフロン類似で，次のような優れた性質をもつもの．「塩素を含まないこと，含んでいたとしても分子内に水素を有し，成層圏に達する前に消滅しやすい」，「地球温暖化への影響が少ない」，「毒性がない」．代表例は，ハイドロクロロフルオロカーボン（HCFC）やハイドロフルオロカーボン（HFC）など．先進国では2020年までに全廃する．

問題だと危惧されている．1992年「環境と開発に関する国連会議」（UNCED，リオ地球サミット）がブラジル・リオデジャネイロで開かれ，人類共通の課題である地球環境の保全と持続可能な発展（Sustainable Development）の実現のためのパートナーシップの構築に向けた具体的な方策が話し合われた（p.62参照）．

「**環境と開発に関するリオ宣言**」が採択され，この宣言の諸原則を実施するための「**アジェンダ21**」が合意された．「**気候変動枠組み条約**」と「**生物多様性条約**（p.134参照）」の二つの条約制定も合意され，本格的な国際間の地球温暖化対策のスタートになった．

気候変動枠組み条約では，開発途上国などの国別事情を勘案しながら，速やかで有効な予防措置の実施など，先進締約国に対し温室効果ガス削減のための政策の実施などの義務が課せられた．具体的には，締約国に対して，1990年代末までに温室効果ガスの排出量を1990年の水準に戻すことをめざして，政策措置やその効果の予測の通報と審査を受けること，また，開発途上国に気候変動に関する資金援助や技術移転などを実施することを求めた．

7.4 地球温暖化の緩和政策とそのシナリオ

7.4.1 温暖化対策の概念

地球温暖化への対策は二つに大別することができる．

① 急激な温暖化を抑制する「**緩和**」（Mitigation）
② 温暖化への「**適応**」（Adaptation）

緩和とは「削減する」ことである．その有効性は科学的に裏づけられている．しかし，単独の施策では温暖化を抑制することは不可能であり，現在も温室効果ガスの排出量は増え続けている．

スターン報告[*7]によると，緩和策を組み合わせれば，今後数十年間に温室効果ガス排出量の増加を抑制し，現状以下の排出量にすることは経済的に可能であるとしている．また今後20〜30年間の緩和努力が気候温暖化に大きな影響力をもち，気候変動に対する早期かつ強力な対策を行うことにより得られる利益は，そのコストを凌

[*7] 補説
◆スターン報告
2006年，経済学者ニコラス・スターン（Sir Nicholas Stern）が，イギリス政府のために発表した「気候変動に関する報告書」．温暖化対策による損得，その方法や行うべき時期，目標などに対して，経済学的な評価を行ったうえで，「早期かつ強力な対策」が経済学的に見て最終的に便益をもたらすであろうと結論している．

駕するとも予測しており，現状よりも大規模かつ早急な緩和策の必要性を指摘している．

温暖化対策の主流は緩和であるが，海水面上昇や気象の変化といった諸問題の軽減が進展しなかった場合に備えた次のような適応策も検討されている．

> ① 海面上昇対策：移住の検討，高潮防止堤防，飲料水源の確保，農地の塩害対策
> ② 生態系保全・食料対策：農産物の品種改良，農法改善，水源確保

ほかにも，異常気象への対策として「気象観測・予測の強化」，氷河融解には「周辺集落の治水対策，移住」などが検討されている．

7.4.2 京都議定書の採択

地球温暖化対策については，「アジェンダ21」で採択された気候変動枠組み条約にもとづき，**締約国会議（COP）**が毎年2週間の会期で開催されることになっている．

条約の採択から5年目の1997年12月，京都で第3回地球温暖化防止京都会議（COP3）が開かれた．温暖化ガス排出量削減の達成に向けて，締約国の削減数値目標を公約とする会議は難航した．しかし日本などの努力が実り**「京都議定書」**（気候変動国連枠組み条約・京都議定書；Kyoto Protocol to the UN FCCC）が採択された．これは1990年当時を基準値として，それ以下の排出量に戻す世界規模の削減対策である．

> ● 京都議定書の主要内容
>
> 温室効果ガスの6種について，1990年を基準として先進国における削減率を各国別に定め，共同で約束期間内に削減目標値を達成する．
> ① 約束期間：2008年から2012年までの期間（5年間）
> ② 削減目標：先進国全体のGHG合計排出量を1990年に比べて，少なくとも5％削減する
> ③ 京都メカニズム：CDM，排出権取引，共同実施（JI）の取り

組み
④ 人為的吸収源活動（植林,再植林）を盛り込む.

削減の第一約束期間（2008〜2012年）における温室効果ガスの排出目標は，締約先進国に対し1990年比で5.2％削減（日本6％，アメリカ7％，EU 8％など）を義務づけた．遵守しない場合には，参加資格や排出権取引の枠を失うという法的拘束力をもつ約束である．

京都議定書は1997年に採択されたが，発効したのは2005年であり，長い歳月を必要とした．その発効条件は次のとおりである．

● 京都議定書の発効条件
① 55か国以上の国が締結すること．
② 1990年における先進国のCO_2排出量合計の55％以上を占める先進国が締結すること．

世界第二位の温室効果ガス排出国であるアメリカは，採択には参加したものの，国内の産業界の圧力により議会での承認が得られない状況が続いた．結局2001年，共和党政権（大統領ブッシュ）は当時の最大排出国（36％）であるにもかかわらず，自国の経済成長への悪影響と途上国の不参加などを理由に議定書から離脱した．アメリカ政府の国内経済事情を優先した行動の結果であった．

しかし，批准に消極的だった排出大国ロシアの条約締結がようやく実現し，発効要件を満たした京都議定書は，アメリカとオーストラリア抜きで2005年2月に発効した．2007年にはオーストラリアが世論の高まりを受けて批准した．日本は1998年に議定書に署名し，2002年に国会承認を受けて国連に受諾書を寄託した．

7.4.3 温暖化緩和策のしくみ

21世紀の地球温暖化問題に対して中長期的な削減にどう取り組んでいくのかの具体的なしくみを「京都メカニズム」とよぶ．

● 京都メカニズム
① 共同実施（Joint Implementation；JI）
② クリーン開発（Clean Development Mechanism；CDM）

③ 国際排出権取引（Emission Trading；IET）

　京都メカニズムでは，削減数値目標を達成するために，「柔軟性措置」を導入した．これは，国内での排出量を削減する以外に，植林活動や国外での削減活動，削減の国家間取引などを考慮に入れ，温室効果ガスの削減をより容易にするための約束である．このように，「ある場所」で排出された温室効果ガスを，植林や省エネ事業などによって「他の場所」で直接的，間接的に吸収や削減をしようとする考え方や活動を**カーボンオフセット**という．それぞれの具体的なしくみは次のようになっている．

❶ 共同実施（JI）

　先進国間において，先進投資国が投資先のホスト国（事業を実施する国）で温室効果ガス排出量を削減し，そこで得られた削減量（Emission Reduction Unit）を取引する制度．先進国全体の総排出量は変動しない．日本とロシアの関係などがこれに相当する．

❷ クリーン開発（CDM）

　先進国が開発途上国に技術や資金を支援し，温室効果ガス排出量を削減したり吸収量を増幅したりする事業を実施した結果，削減できた排出量の一定量を先進国の温室効果ガス排出量の削減分の一部に充当できる制度（**図 7-5**）．先進国は少ないコストで排出削減でき，途上国は技術や資金の供与を受けられるなどの効果がある．

❸ 国際排出権取引

　国際排出権取引は，**炭素クレジット**（CDM クレジット，JI クレジットなど）により，温室効果ガス削減が容易でない国が，削減量をCO_2トン単位で市場取引する制度．排出量を排出枠内に抑えた国や事業で発生したクレジットを，排出枠を超えて排出した国が買い取ることで，排出枠を遵守したとみなすものである．

❹ 国内での排出権取引

　京都議定書は国家間の排出量取引のみを定めるが，日本国内での排出量取引も行われている．**国内クレジット制度**（国内排出量削減認証制度）は，議定書目標達成のため 2008 年に閣議決定された．この制度は，大企業などによる技術・資金等の提供を通じて，中小企業などが行った温室効果ガス排出削減量を認証し，自主行動計画や

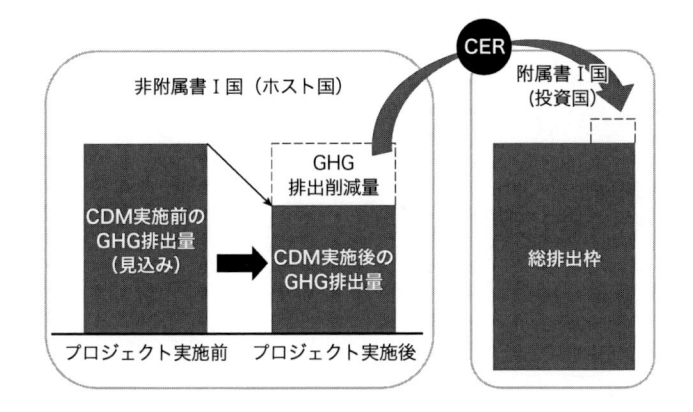

図7-5 京都メカニズム・クリーン開発（CDM）
CER：認証排出削減量（Certificate Emission Reduction）.

排出量取引の目標達成のために活用できる制度である*8. 森林バイオマス，民生・運輸部門などにおける排出削減も広く対象とし，入札方式などで排出権を購入する方式が広まりつつある．

7.4.4 排出権取引の現状と温暖化対策の課題

排出権取引制度は，国内外での省エネやエネルギー転換，廃棄物エネルギー利用などの排出量削減による取引で利益を得られることが，さらなる削減意欲を生じさせることを意図したものである．

近年，化石燃料の高騰や議定書での約束もあり，国際的な排出権の取引市場が過熱し，炭素クレジットの市場価格が欧州などで異状に高騰した．地球環境問題を金融資本が係る市場経済に委ねることは，倫理的な問題が生じる恐れがある．

後述する京都議定書の期間延長問題の不透明さや，世界経済の低迷で取引はいったん沈静化した．しかし，排出枠の設定方法によっては自国の経済的エゴや過去の排出量が既得権益になり，世界の協調と努力を減じさせる結果となる．

さらに，CDMクレジットによる削減のホスト国の多くが中国やインドなどの新興国に偏重し，日本などの先進国からの技術と資金でプロジェクトが構成されている．

これらの緩和施策は地球全体として確かに有効である．しかし，先進国も途上国もこれを地球温暖化対策の環境施策としてとらえる

---

*8 事例
国内クレジット取引の第1号，2号は，削減実施者が東京大学，クレジットの購買者（保持者）はコンビニのローソンだった．東大キャンパスの照明約4万台をインバータ化により節電し，また東大病院の冷凍機更新時にヒートポンプ設置によるCO_2削減量をローソンのクレジットとして共同実施した．このような温暖化対策の共同実施は，産学官や民間・自治体にまたがる自由な連携モデルを採用できる．

べきであり，決して経済的利益追求の手段や目的に利用してはならない．議定書への参画と排出量削減の公平な負担義務の認識を受け入れる理念が求められている．

7.5 国際的合意の経過と期待

　21世紀の環境問題は，地球全体の課題であり，国際的枠組みと世界各国の協調・共生が前提となる．その意味で地球温暖化を緩和するための活動とその歴史経緯は，今後の重要な試金石だと思われる．

　1997年にCOP3で採択され，先進国が5年間で温室ガス排出量削減の数値目標を公約する京都議定書の**第一約束期間**は2012年に終了した．これ以降の温室効果ガス削減にどのように取り組むかについて，世界各国の利害が絡まり，達成数値目標をめぐって激しい議論が続いてきた．

　現状の世界の温室効果ガスの排出量は，自然界の吸収量の2倍を超え，生態系の適合が間に合わなくなっている．最近の国際動向から，温暖化緩和対策の実現性やその持続性について考えてみる．

❶ 美しい星50（クールアース50）

　2007年，安倍晋三首相（当時）は「アジアの未来[*9]」の会合で「美しい星へのいざない（Invitation to『Cool Earth 50』），三つの提案，三つの原則」という演説を行った．彼は，2012年以降のポスト京都議定書の枠組みづくりに向けた世界の対応について，2050年までに世界の排出量の半減を提言した．しかし，有言実行の提言になりうるかどうかが問われた．

❷ COP15 コペンハーゲン合意（デンマーク2009年）

　COP15にはアメリカのバラク・オバマ大統領をはじめ，日本から政権交代直後の鳩山由紀夫首相や，他の国の指導者が出席した．鳩山首相は，条件つきで日本の二酸化炭素の25％削減を表明した．COP15では，産業革命以前からの気温上昇を2℃以内に抑えることに合意した．先進国は日本を中心に，途上国への排出削減技術などへの大規模な出資を約束したものの，ポスト京都の具体策では先進国と途上国とが対立し前進はなかった．

[*9] 補説
1995年以降毎年開催されている国際交流会議．2008年にはダボス会議（世界経済フォーラム年次会議）で福田首相（当時）が特別講演し，北海道洞爺湖サミットで「福田ビジョン」として発表した．

❸ COP16 カンクン合意（メキシコ 2010 年）

京都議定書を単純延長するかどうかの結論は，またも次のCOP17以降に先送りされた．日本にとっては，排出大国の米国や中国が参加しない単純延長が決まる最悪の事態をひとまず回避した形となった*10．

❹ COP17 ダーバン合意（南アフリカ 2011 年）

この会議には190ヵ国以上が参加し，アメリカも国内世論から協議に復帰し，2013年以降の「**ポスト京都議定書**」の話し合いがもたれた．単純な延長を主張する途上国やEUと，米・中・印にも削減目標を負わせる新しい枠組みをつくりたい先進国（日本，ロシア，オーストラリア，カナダ）との間に対立構造が形成された．途上国は先進国側の率先した削減や技術移転・資金援助などを求めたが，自国の削減目標設定などにおいては，先進国の累積排出量の多さなどを指摘し，温暖化は先進国の責任だと反発した．不透明さを含む苦渋の合意事項*11が示された．

❺ COP21 パリ協定（フランス 2015 年）

2015年12月にパリで開催された第21回国連気候変動枠組条約締約国会議（COP21）において，2020年以降の温室効果ガス排出削減等のための新たな国際枠組みとしてパリ協定が採択され，2016年11月4日に発効した（**図7-6**）．

この条約は国際社会全体で，世界の平均気温上昇を産業革命前と比較して，2℃より十分低く抑え，1.5℃に抑える努力を追求することを目的としている．その達成のためにIPCCが示す科学的根拠

*10 補説
国内でのCOP16の合意に関する論評を見ると，読売新聞は「二酸化炭素25％削減目標をより現実的な数値に見直すことが肝要」，産経新聞は「国益と地球益の双方を熟慮」，毎日新聞は「胸をなで下ろしている暇はない」などであった．

*11 補説
①京都議定書を延長し，第二約束期間を設定する．
・2013年以降17年末まで5年間または19年末までの7年間に延長
②日本はこの第二約束期間に参加しない（表明）．
③京都議定書に代わる新しい枠組みづくりの工程表として，2015年末までに交渉を終了し，2020年初めの実施をめざす．
④新しい枠組みでは，アメリカ，中国，インドなども何らかの法律的な義務を負う．

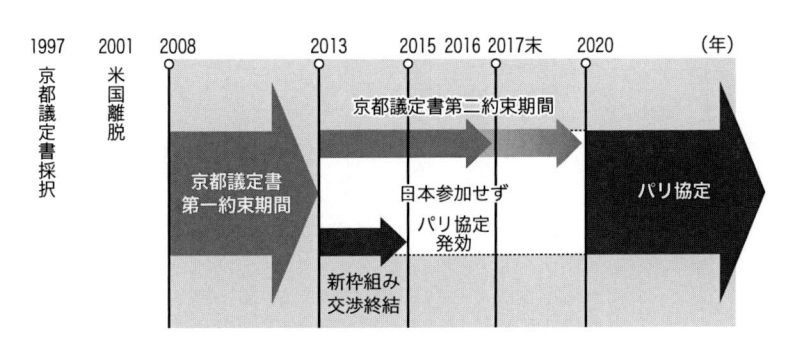

図7-6 ポスト京都議定書（2015年パリ協定）

にもとづいて，21世紀のなるべく早期に世界全体の温室効果ガス排出量を実質的にゼロにすること，つまり「脱炭素化」を長期目標に定めている．

さらに，気候変動による影響に対応するための適応策の強化や，諸々の対策に必要な資金・技術などの支援を強化するしくみをもつ包括的な国際協定となっている．パリ協定を契機に，世界各国で温暖化対策が加速している．

● パリ協定の概要
・世界共通の長期目標として2℃の設定，1.5℃に抑える努力を追求
・すべての国が削減目標を5年ごとに提出・更新
・すべての国が実施状況を報告し，レビューを受ける
・5年ごとに世界全体としての実施状況を検討するしくみの構築
・先進国による資金提供に加え，途上国も自主的に資金を提供
・二国間クレジット制度（JCM）も含めた市場メカニズムの活用

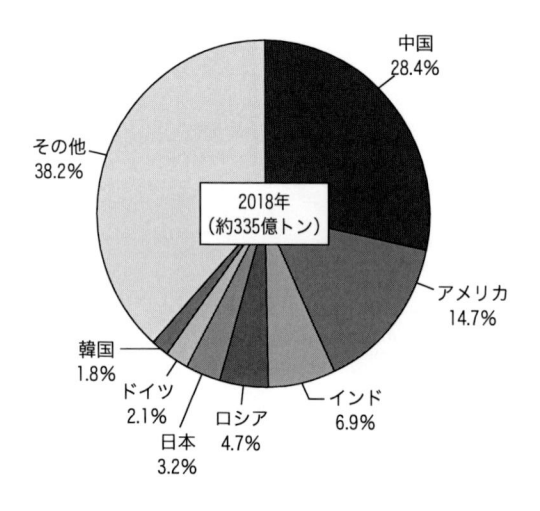

図7-7 世界のCO_2排出量と主要国の排出割合
EDMC/エネルギー・経済統計要覧2021年版をもとに作成．

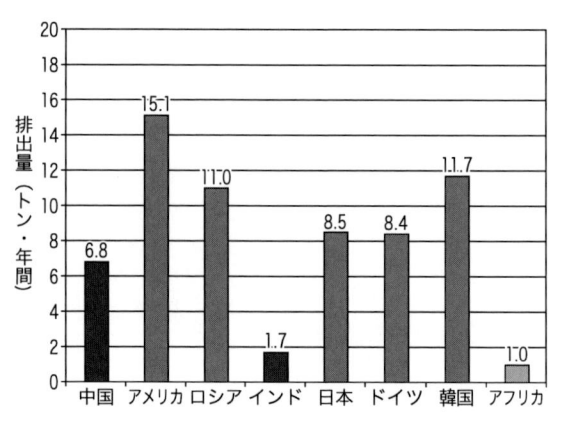

図7-8 主要国の一人あたりのCO_2排出量（2018年）
EDMC/エネルギー・経済統計要覧2021年版をもとに作成．

7.6 温暖化対策における日本の責務

　20世紀の社会は，経済発展と環境保全が対立する事象を生みだした．21世紀における人類最大の使命は，経済と環境が両立する循環型の持続可能な社会を築くことにある．わが国も1998年，「地球温暖化対策の推進に関する法律（**地球温暖化対策推進法**）」が国会で可決公布され，日本に課せられた目標である温室効果ガスの「1990年比6％削減」を国民が一体となって達成するための，おのおのの責務，役割を明らかにした．

7.6.1　日本の役割と自覚

　わが国はこれまで，深刻な公害や二度にわたる石油危機に直面したが，厳しい環境規制や省エネ対策に取り組み，多くの分野で世界に冠たる技術を開発・実用化してきた．GDPが2倍になるなかで，石油消費量を8％減少させた．10年にわたり年平均3％のエネルギー効率の改善を継続した時期もあった．

　省エネルギーや温暖化ガスを発生しない**新エネルギーの開発**は，最大の技術課題の一つである．研究者や技術者の真価が問われる．

7.6.2　原発事故問題との整合性

　2011年の東日本大震災以降，大部分の原発が全国で停止に追い込まれている．原発がすべて停止すれば二酸化炭素の排出量は90年比で20％近くも増えてしまうという専門機関の試算もある．しかしながら，安全面から原発への依存率を下げなければならない．温暖化緩和と脱原発依存のジレンマが生じている．

　京都議定書延長に参加しない日本は，2013年以降どのようなエネルギー政策とそれに見合う地球温暖化対策をつくり出し，ジレンマを克服していくのか．いずれにしても，2020年の段階で，90年比25％削減の目標を現実的目標に設定し直すことになるであろう．

7.6.3　低炭素社会への意識変革

　ダーバン合意の交渉の経緯を見ると，ナショナリズムの対立は顕著である．先進国と新興国の対立構図なども明確になっている．先

進国間においても，アメリカなど市場経済を優先する資源大国と，EU，日本などとでは**低炭素社会***12への移行の対応に差がある．

各国に削減を割り当てるトップダウン型アプローチに限界が見え，可能な対策を積み上げるボトムアップ型との組み合わせが模索されている．国境や世代を超えた倫理的視点もいっそう要求される．何よりも低炭素社会の実現のために，大量消費・大量廃棄から脱皮することが重要である．

7.7 科学者・技術者の役割

本章では，地球温暖化のメカニズムや緩和へのシナリオを見てきた．この地球温暖化問題を，大量生産・大量廃棄の文明社会がもたらす究極的な地球環境問題としてとらえ，一人ひとりがそれらとどのように取り組んでいくべきかを考える必要があるだろう．

とりわけ，持続的に発展する社会には，環境調和型社会を構築する優れた技術開発が必要となる．技術者は，いかなる難題に遭遇しても，冷静で科学的な視点をもたなくてはならない．楽観に偏っても，悲観に偏ってもいけない．叡智によって難題を解決し，人類のさらなる発展のために努力しなければならない．有限の資源をいかに活用するか，閉鎖系の地球環境をいかにして守ってゆくかにおいて，科学者・技術者の果たす役割は大きい．

---

*12 補説

◆低炭素社会（Low-carbon society）
温暖化の緩和を目的として構築される，二酸化炭素の排出が少ない社会．日本では，2007年度の環境白書・循環型社会白書で提唱されたことを契機に，この言葉が使われ始めた．この社会の実現で基本となるのが排出量の把握である．「カーボンフットプリント」とよばれる商品表示（CFP，カーボンラベリング）で二酸化炭素排出の「見える化」が認識されつつある．国際規格 ISO 14000 シリーズでも，温室効果ガスの排出量・収集量の算定や認証などの規格を制定している．原材料採取から製品使用後の処分までを一貫して評価するライフサイクルアセスメント（LCA, p.160参照）の形をとるが，家庭ではまだ認知度が低い．主要なテーマとして，排出量と吸収量が均衡した状態である「カーボンニュートラル」，吸収量が排出量を上回る状態である「カーボンポジティブ」，さらに CDM や国内クレジット取引により吸収量を購入する「カーボンオフセット」がある．

> **考えよう・話し合おう**
> ● 2011年の福島原発事故をふまえて，エネルギー問題を考えるとき何を重視すべきか，考えてみよう．
> ● 発展途上国の経済や産業が発展し，資源・エネルギーの消費が増大している状況の下でのCO_2低減対策は何か，南北格差も考慮して考えてみよう．

Technological Column　　　　　　　　　　　　　　　　　　　　　　　　　　No. 7

温室効果ガス（CO_2，N_2O）削減をめざす取り組み

■ CO_2削減のための技術開発

　各種温室効果ガスのなかでCO_2は，単位重量あたりの温暖化効果が一番少ないガスであるが，排出量が多いため，温暖化への寄与の割合が60％を占める．そのため地球規模での削減の技術開発が積極的に行われている．

　CO_2固定化・有効利用分野の技術開発は大きく次の3つに分類される（RITE技術戦略マップ2010参照）．

　①分離・回収
　②地中貯留・海洋隔離
　③大規模植林による地上隔離

　①の分野では，水素共存下の化学反応でCO・メタンなどの炭素源に変換するCO_2の「化学的固定化法」，CO_2が吸収・放散されやすい液体を用いる「吸収法」，メンブレンフィルターなどを使う「膜分離法」，固体表面に吸着・脱着させる「吸着法」などがあり，大容量処理・経済性向上のための技術開発が進められている．

　②はCO_2を圧縮・液化して地中貯留・海洋貯留するものである．実用化するには，低コスト化と信頼性の高い技術の確立が必要である．具体的には，地中貯留されたCO_2挙動のモニタリング技術や，地球規模で大量のCO_2をシールできる緻密な泥岩などからなるサイト探索などの課題があり，国際共同研究が進められている．

■ CO_2の発生を減らすには

　これらの技術開発と並行して，CO_2の発生を抑止する取り組みがある．最も効果的だが，政府主導の草の根運動「家庭のCO_2削減キャンペーン」の効果は約150万t/年と推算され，わが国の京都議定書削減目標宣言のCO_2量よりも2桁低い．やはり，構造的に産業界レベルで取り組まないと問題は解決しない．

　CO_2の最も大きな発生源は海洋であり，地球温暖化による海水温上昇で大量のCO_2が，コーラが温まったときのように噴出しているという．それならば，化学的性質が安定で処理の手強いCO_2を直接どうするにかするのではなく，温室効果を産み出す他の因子をどうにかするほうが合理的な取り組みではないか．

■ N_2Oガス削減で温暖化を抑制

　京都議定書は，いくつかの化学物質に対し，CO_2に換算した際の温室効果を示している．代表的には，N_2Oガスとフロンガスである．いずれもCO_2に対し数百倍の温室効果をもち，主に産業消費活動のなかで発生する．公的サポートを得て産業界が撲滅に努めれば，その効果は非常に大きく，早期達成の現実的な切り口となる．

　具体的な対策は，N_2Oガスの主たる産業的発生源の硝酸酸化プロセスをなくすことである．ナイロン-6,6原料であるアジピン酸（世界で約300万t/年製造）をはじめ，酸化力の強い硝酸を用いた酸化プロセスは多い．こうした目標を実現するために，関西大学石井康敬名誉教授と㈱ダイセルは共同研究開発を行い，大気中の酸素を用いた高活性空気酸化触媒技術（NI酸化）を硝酸酸化代替プロセスにしようとしている．

　CO_2以外の温暖化ガスをも対象とすることによって，経済性豊かな温室効果ガス削減プログラムが進展することが期待される．

8章 廃棄物問題

本章では，環境倫理の主題となる世代間倫理，すなわち次世代に負の遺産を残さないようにするために，**廃棄物**の問題を考える．

産業革命は産業構造のみならず，社会構造まで大きく変革させ，飛躍的に豊かで快適な社会に変えた．一方で大量生産・大量消費の経済活動が，大量の廃棄物を生む結果となった．フロンによるオゾン層破壊，二酸化炭素の放出による地球温暖化，有害廃棄物の越境問題など，地球環境問題はすべて廃棄の問題ともいえる．世界の人口増加や文明発展にともなう資源の枯渇が懸念される一方で，そのアウトプットである廃棄問題に関しても，地域はもとより都市・国家，さらに地球レベルの許容量に低減する施策が求められている．

身近な視点では，ごみ（廃棄物）の最終処分場不足や，有害物質の環境への拡散と被害が絶えず問題になっている．1990年代，社会全体を人体にたとえて，原料・製品やエネルギーを社会に供給する産業を「**動脈産業**」，廃棄物などを回収し，分別・処理・再生する産業を「**静脈産業**」とよぶようになった．この二つの産業の共生と循環，すなわち**資源循環型社会**の構築は不可欠であり，静脈部分となる廃棄物問題は切実な現実的課題といえる．

8.1 廃棄物と廃棄物管理の実態

8.1.1 廃棄物とは

日常生活や経済活動で原料やエネルギーを用いると廃棄物が排出される．廃棄物は，「**廃棄物処理法（廃掃法）**[*1]」（1970年）にもとづき，**一般廃棄物（一廃）**と**産業廃棄物（産廃）**に区分される（**図8-1**）．初めて「産廃」の言葉が公に登場したのは，高度成長期後半

[*1] 補説
正式名は，「廃棄物の処理及び清掃に関する法律」．この法律では，放射性物質およびこれに汚染された物は除かれる（p.121参照）．

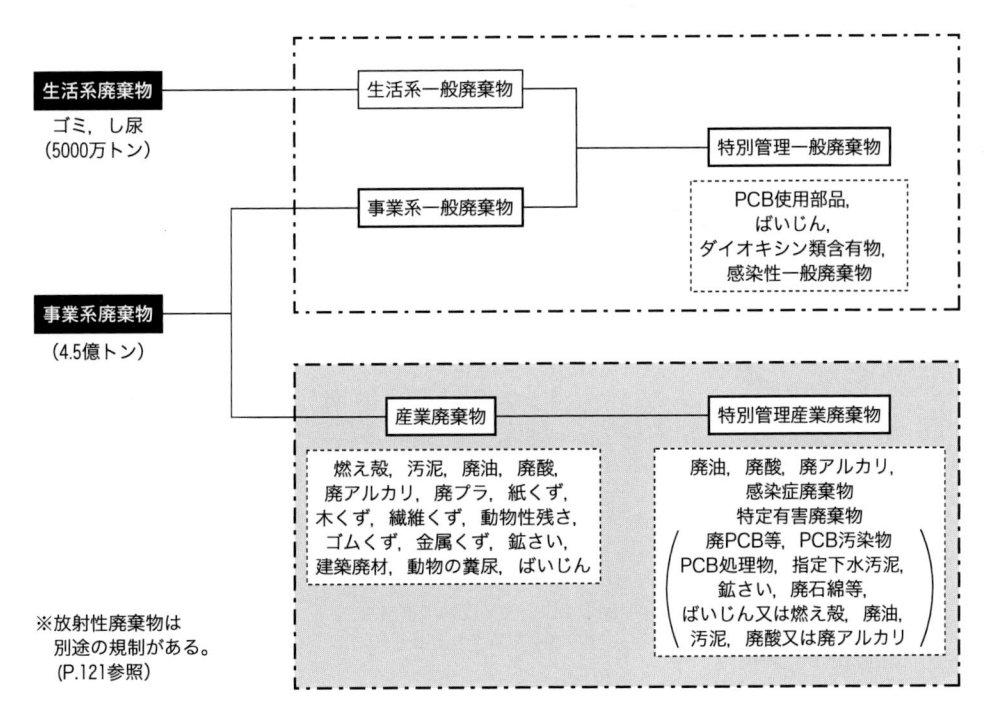

図8-1 廃棄物の区分

- **生活系廃棄物**
  ゴミ、し尿
  （5000万トン）
  - 生活系一般廃棄物
  - 事業系一般廃棄物
  - 特別管理一般廃棄物
    （PCB使用部品, ばいじん, ダイオキシン類含有物, 感染性一般廃棄物）

- **事業系廃棄物**
  （4.5億トン）
  - 産業廃棄物
    （燃え殻, 汚泥, 廃油, 廃酸, 廃アルカリ, 廃プラ, 紙くず, 木くず, 繊維くず, 動物性残さ, ゴムくず, 金属くず, 鉱さい, 建築廃材, 動物の糞尿, ばいじん）
  - 特別管理産業廃棄物
    （廃油, 廃酸, 廃アルカリ, 感染症廃棄物 特定有害廃棄物 廃PCB等, PCB汚染物 PCB処理物, 指定下水汚泥, 鉱さい, 廃石綿等, ばいじん又は燃え殻, 廃油, 汚泥, 廃酸又は廃アルカリ）

※放射性廃棄物は別途の規制がある。（P.121参照）

の1969年の「厚生白書」であった．

一般廃棄物は産廃以外の廃棄物であり，代表的なものは**生活ごみ・し尿**である．国内では年間約5000万トンが排出される．戦後の人口増加と1970年代以降の高度経済成長で生活ごみは急増し，一人あたりのごみ排出量は約1 kg/日まで増えた（**図8-2**）．1990年代になって分別やリサイクルの法制度など社会システムが整備され，市民意識も高まり，ようやく増勢が止まった．

日本では，主に自治体が運営する都市ごみ焼却処理施設は，全国で約1200カ所，処理能力で日量18万トンであり，世界に類のないごみの焼却処理大国である[*2]．なお，2000年度の焼却施設数は1700であったが，ダイオキシン特措法などにより施設の大型化や発電設備を付帯させる高性能化を図り，2009年度には約1200施設まで減少した．

しかし，市民心理では「ごみ処理場＝迷惑施設」とされることが多く，「Not in my Backyard（**NIMBY**）＝施設の必要性は認めるが，

[*2] 補説

◆ごみ排出・処理・焼却状況（2008年度）

① ごみ排出状況
- 総排出量　4811万 t
- 1人1日の排出量　1033 g

② ごみ処理状況
- 最終処分量　553万 t
- 減量処理率　98.2%
- 直接埋立率　1.8%
- 総資源化量　978万 t
- リサイクル率　20.3%

③ 自治体焼却施設の状況
- 施設数　1269
- 処理能力　187,303 t/日
- 1施設の平均処理能力　148 t/日
- 余熱利用を行う施設数　849
- 発電設備をもつ施設数　300（全体の23.6%）
- 総発電能力　1615千 kW（原発約2基分）

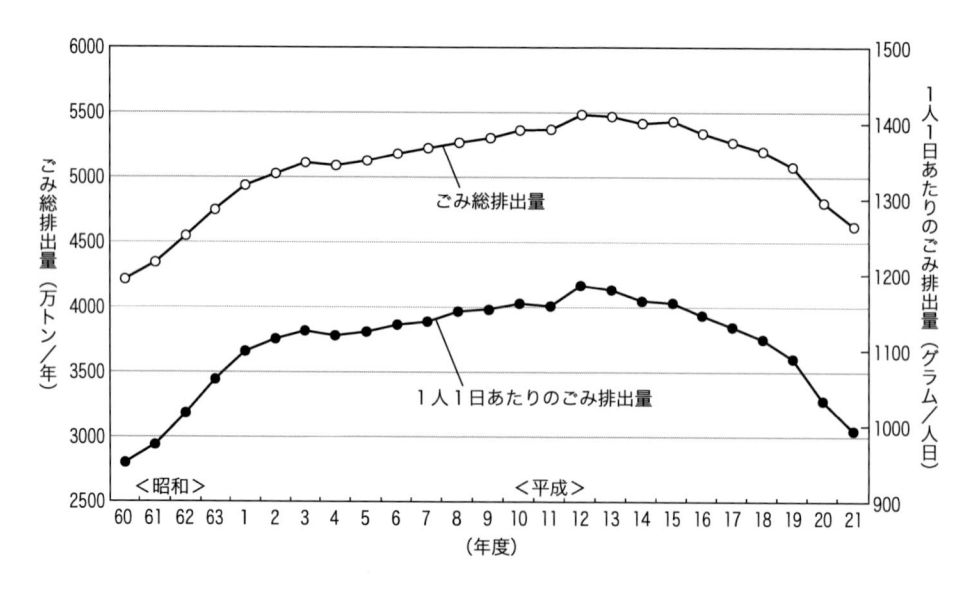

図 8-2　一般廃棄物の排出量
環境省平成 21 年資料より．

自宅の裏庭につくってほしくない」である．このことは環境対策への理解を市民から得るための対応がいかに難しいかを表している．

産廃は経済活動によって生じた廃棄物で，国内の全固形廃棄物の約 80％（年間約 4.5 億トン）にあたる．産廃には，**特別管理廃棄物**（爆発性，毒性，感染性廃棄物など）や**特定有害廃棄物**（PCB，アスベストなど）として詳細に指定されたものもある（**図 8-1 参照**）．

産廃は，事業者自らの責任で処理する必要があり，外部処理する場合は，知事や市長の許可を受けた産廃処理業者に委託する．処理は法律的にも，排出する事業者の責任で委託し，不法投棄などを防止するために運搬から最終処分まで**産業廃棄物管理表（マニフェスト）**で把握する責務がある．

8.1.2　近世における廃棄物処理

廃棄物問題は，文明の発展と人口の都市集中により起こり，古くから存在した．近世の江戸は，幕府中期にはすでに世界最大級の 100 万人都市であった[*3]．あらゆる不用物を回収し，再利用（リサイクル）していたということはよく知られている．また，川へのごみの投棄が水上交通の妨げになり，17 世紀半ば（慶安 2 年）には触

[*3] 補説
日本の推定人口は，江戸初期 1600 年ごろには約 1200 万人（江戸 15 万人）とされ，1800 年前後は国内 3000 万人（江戸の人口は，100～120 万人程度）と推定される．同時代のロンドン（90 万人）やパリ（60 万人）よりも多い．

書が出され、ごみの投棄が禁止された。永代浦を投棄場所として、必然的にごみの収集、運搬という仕事が生まれた。寛文2年（1662年）には公儀指定の請負人以外の者がごみ集めをすることが禁じられた。この費用は、芥取銭などの呼称で町の共益費でまかなわれた。この制度は明治になるまで続くが、いつの場合にも不法投棄があとを絶たず、元禄時代には芥改役（あくあらためやく）が設けられ、不法投棄の監視にあたったといわれている。

世界の都市が悩んできたのは、廃棄物のなかでも「し尿」である。日本は、これを肥料として利用し、江戸時代には近郊の農家が有価で汲み取って帰るのが日常であった。同時代のヨーロッパの都市では、し尿があちこちに捨てられるという状態で衛生上きわめて深刻な問題になっていた。ヨーロッパの都市に比べると中世、近世を通して、日本では早くからリサイクルの概念が適用され、廃棄物が深刻な社会問題になるようなことが少なかったといえる。

明治に入り、たびたび伝染病が流行し**公衆衛生**が重視された。人口が急増する都市拡大に対応できなくなった不衛生な生活状態を脱

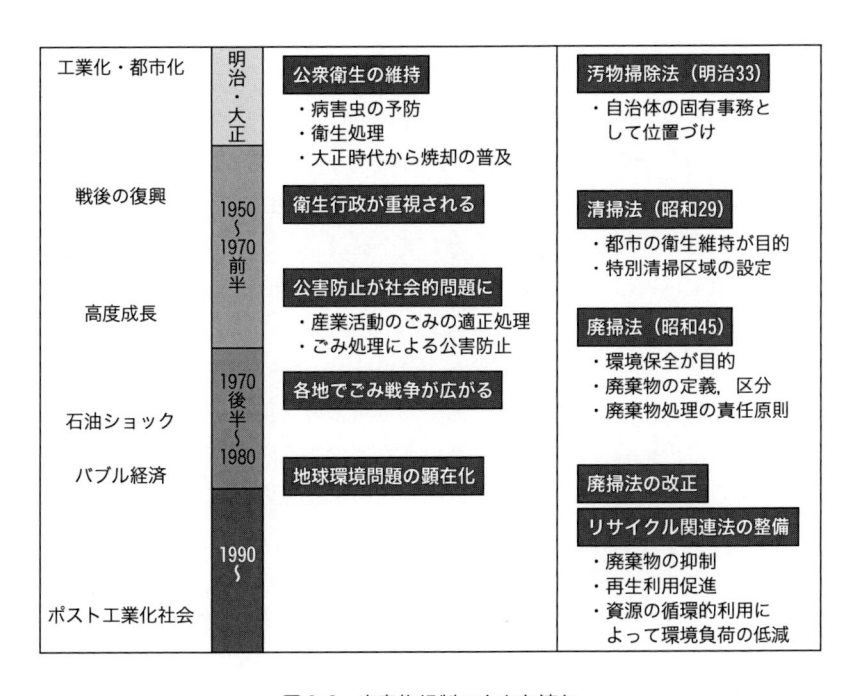

工業化・都市化	明治・大正	公衆衛生の維持 ・病害虫の予防 ・衛生処理 ・大正時代から焼却の普及	汚物掃除法（明治33） ・自治体の固有事務として位置づけ
戦後の復興	1950〜1970前半	衛生行政が重視される	清掃法（昭和29） ・都市の衛生維持が目的 ・特別清掃区域の設定
高度成長		公害防止が社会的問題に ・産業活動のごみの適正処理 ・ごみ処理による公害防止	廃掃法（昭和45） ・環境保全が目的 ・廃棄物の定義、区分 ・廃棄物処理の責任原則
石油ショック	1970後半〜1980	各地でごみ戦争が広がる	
バブル経済		地球環境問題の顕在化	廃掃法の改正
ポスト工業化社会	1990〜		リサイクル関連法の整備 ・廃棄物の抑制 ・再生利用促進 ・資源の循環的利用によって環境負荷の低減

図8-3　廃棄物規制の大きな流れ

却するため，神戸や東京ではごみ処理の規則が施行された．神戸市は明治14年「塵芥溜塵捨場規則」の改正でごみ容器の設置を義務づけ，東京では明治20年には警察令「塵芥取締規則」が発布された．関西はごみ焼却炉で先進的な取り組みを行い，大阪では明治36年に日量能力26トンの焼却炉が建設され運用されている．

明治32年ごろペストが阪神地方に流行し，公衆衛生の強化の一環として明治33年（1900年）に「**汚物掃除法**」が公布された．この法律によって，ごみ収集が市町村の事務として位置づけられ，現在の清掃行政の原形ができた．100年ほど前のことである（**図8-3**）．

8.1.3 現代の廃棄物行政と汚染者負担原則

健康で衛生的な生活や環境破壊修復などにかかるコストの負担は，規模の大小にかかわらず先延ばしは許されず，社会や市民の自己責任として解決する必要がある．廃棄物処理は政治・経済上の最重要課題のひとつである．

「汚物掃除法」以前のごみ収集は，自己処理するか民間ごみ処理業者が適宜これを集めて有価物を選別・売却して利益を得ていた．大正期には衛生上の理由や化学肥料の生産開始によって，し尿の需要が停滞し値段が下落する．それまで有価だったものから，汲み取り代を徴収する処理の有償化が始まった．すでに廃棄物処理に関して外部不経済の内部化が浸透していることになる．1954年（昭和29年）には「**清掃法**」が施行された．さらに1970年（昭和45年）には現行の「**廃棄物処理法**」として全面改定された[*4]．

環境汚染に対しては**汚染者負担原則**（Polluter-Pays Principle，略称 **PPP**）が鉄則である．汚染者負担原則は，1972年に経済協力開発機構（OECD）が採択した「環境政策の国際経済的側面に関する指導原則」で勧告された．発生した損害の費用は汚染物質の排出源である汚染者に支払わせるというものである．日本では公害原因企業の汚染回復責任・被害者救済責任の追及に力点が置かれている．

8.1.4 廃棄物の不法投棄，不適正処理

産廃は，もとはといえば製造企業や加工企業に由来する．事業者や技術者は，最終処分まで，廃棄物処理マニフェストによる十分な管理を行わなければならない．

[*4] 補説
◆廃棄物処理法
高度成長にともなう大量消費，大量廃棄によるごみ問題が顕在化し，ごみ焼却場自体が公害発生源として問題となった．そこで，1970年に「清掃法」を全面改正して「廃棄物の処理及び清掃に関する法律」を施行し，廃棄物の定義，処理業やマニフェスト制度の強化などを付加した．廃棄物の排出抑制と処理の適正化により，生活環境の保全と公衆衛生の向上を図ることを目的としている．

しかし，廃棄物処理のコストや手間を安易に省く**不法投棄や不適正処理**は時代や国境を越えてくり返されてきた＊5．取り締まりが強化され，国内では2000年前後に年間約40万トン規模もあった不法投棄が，平成22年度には10万トン以下まで減少した（**図8-4**）．しかし，近年の法治の時代でも，瀬戸内海にある香川県「豊島（てしま）事案」や「青森・岩手県境事案」など，大規模不法投棄が産業発展の陰であとを絶たない．処理コストが高騰したため，各地の悪徳な企業や産廃処理業者が大規模な不法投棄を犯し，再処分に高額の税金・基金が浪費される事態が起きている＊6．

8.1.5 廃棄物の基本処理体系

社会的な廃棄物処理とは，企業での内部処理をはじめ，その発生から最終処分までの下記のようなプロセスの完結業務である．

```
「発生」→「分別」「収集」「運搬」→「再資源化（リサイクル）」
                                      ↓
                          「中間処理」→「最終処分」
```

＊5 補説
国際的には，廃棄物の越境を規制する「バーゼル条約」（p.151参照）などの規制がある．

＊6 事例
◆近年の大規模不法投棄事案
①香川県豊島事案：1983年からのシュレッダーダストなど＝51万t（280億円）
②青森・岩手県境事案：1999年以降の確認量＝～125万t（650億円）
③岐阜市事案：2003年度＝57万t（100億円）
④沼津市事案：2004年度＝20万t
※（　）は現状回復補助金．

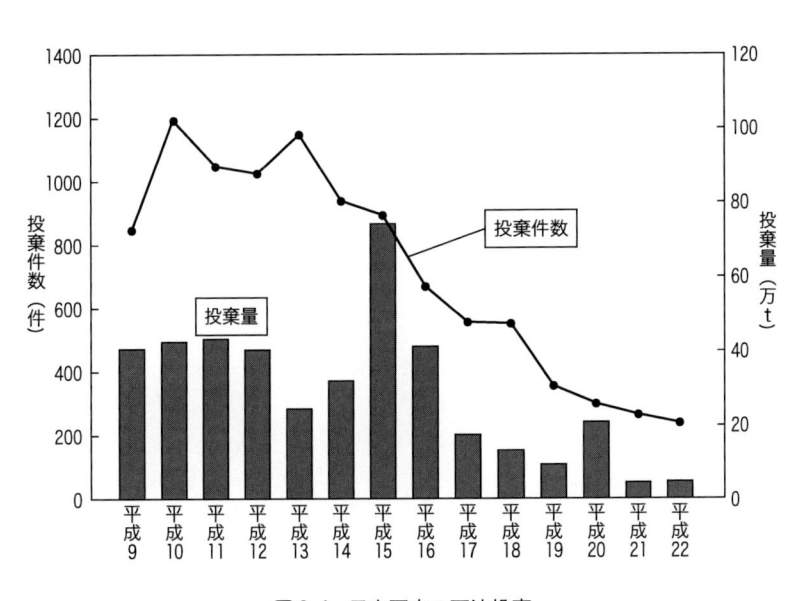

図8-4 日本国内の不法投棄

❶ 中間処理

廃棄物を物理・化学的に，また生物学的方法や焼却によって，減容・減量化や無害・安定化させることを「**中間処理**」という．規模の大きい企業では内部処理が行われるが，設備管理や排出基準などについての法的対応が必要である．最近，工場や周辺の土壌汚染や地下水汚染が多く見られる．土地売買には「**土壌汚染対策法**」(2002年)による規制もできたが，この問題は，過去の事業者のずさんな管理に大きな要因があり，排水や廃棄物管理の手抜きや不備が原点にあるといえる．

❷ 最終処分

廃棄物の「**最終処分**」とは，中間処理などの後で，認可された最終の埋立地などに廃棄物を還元することをいう．最終処分には，陸上埋立て処分と海洋投棄処分がある．日本は国土が狭く，廃棄物の**最終処分場**[*7]の不足が深刻な問題である．家庭から排出される生活系の一般廃棄物の最終処分場は国内で約1800施設（2009年度）があるが，最終処分場の埋立て残余年数は約18年，産業廃棄物の最終処分場の残余年数は全国平均6年であり，きわめて厳しい状況にある．海洋投棄も国際的に厳しく制限されている．

8.1.6 廃棄のコンプライアンス

企業の現場では，廃棄物の発生源管理と外部への排出者責任が重要である．事業者や従事者は，危害防止と環境への配慮に万全を期し，外部委託処理の際には分別管理から始まり，廃棄物処理の最終的な情報開示にも最大限の努力が必要である．

10章で詳述するが，公衆の健康や環境に悪影響をおよぼす廃棄物は，多くの法律（大気汚染防止法，水質汚濁防止法，悪臭防止法，廃棄物処理法など）で規制され，事業者には適切な処理が義務づけられている．

研究者・技術者も知識を身につけ，有害で危険な汚染物質について，法で定める環境基準や排出基準に対応して管理と指導を実行することが不可避である．そのためにも，企業内の生産プロセスや研究開発に加えて，社会システムでの処理体系を認識し，共生循環型の構造を構築し維持することが強く求められる．

[*7] 補説
最終処分場は，廃棄物の区分に従い，「廃掃法」に定める構造と維持管理基準により設置・運営される．土壌還元と海洋投棄がある．海面埋立ては土壌還元に含まれる．海洋投棄は2007年に原則禁止された．処分場の形態は大きく3種に分かれ，有害廃棄物を封ずるための「**遮断型**」，すでに安定しているか，または埋立て後すぐ安定する無害な廃棄物を処分するための「**安定型**」，どちらにも該当せず埋立て終了後も維持管理を要する「**管理型**」がある．放射性廃棄物は同法の対象外である（p.121参照）．

8.2 循環型リサイクル社会の構築

8.2.1 廃棄物処理の基本は3Rイニシアティブ

3Rイニシアティブは2004年開催のG8サミットで合意された．循環型社会の構築をめざす科学技術の行動計画と進捗が示されている．とりわけ技術者や研究者には，あらゆる廃棄物（固体，液体，ガス状物質）を安全に処理するだけではなく，廃棄物の発生を最大限に抑制し，最終的には再資源化するという，環境保全と省資源に対する強い社会的要請がある．

3Rとは，廃棄処理の概念であるReduce，Reuse，Recycleの頭文字である．3Rは廃棄物管理の基本となる重要なコンセプトである．

① 廃棄物の発生抑制（Reduce）
② 資源・製品の再利用（Reuse）
③ 排出物・廃棄物の再生利用（Recycle）

事業の研究開発や設計・生産，さらに流通・販売の活動に至るまで，廃棄物管理を重要な仕事の要素として取り上げ，次のような手法を活用する（図8-5）．

- 素材のままに再利用（Material Recycling）
- 熱エネルギーとしての再利用（Thermal Recycling）
- 原料へのリサイクル（Feedstock/Chemical Recycling）

企業の現場では，廃棄物の無害化や減量・減容化，さらに再利用や再資源化の工夫と推進活動が重要な課題で，エコロジーの理念を高めるために以下のような活動に取り組んでいる．

- PRTR制度（特定物質の環境への排出量の把握や管理改善）
- 環境管理システム国際規格「ISO14001」の活動
- 環境省ガイドライン「エコアクション21」の活用など

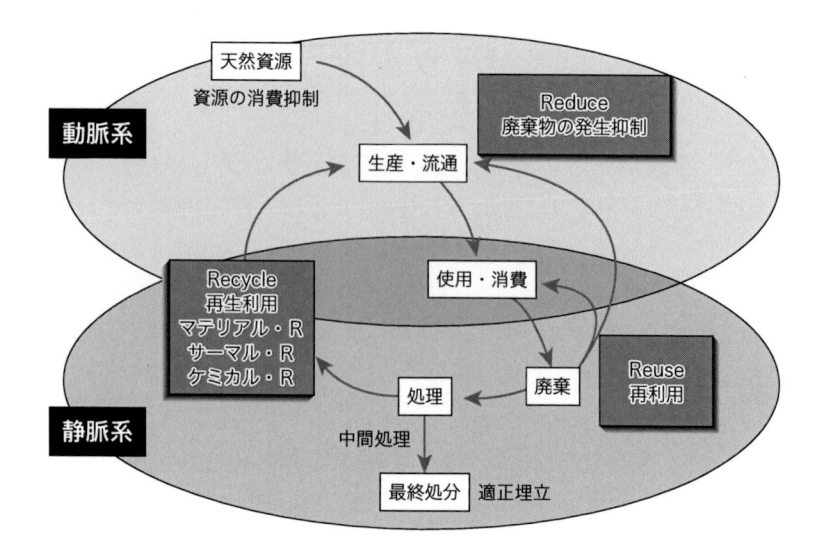

図 8-5 循環型社会におけるマクロ循環と 3R

　最善な廃棄物管理は，廃棄物を出さないこと（ゼロ・エミッション）だといえる．資源循環型社会を迎えて，廃棄物の再使用や再生利用が必須課題となり，一足飛びの解決法などはない．省エネルギー・省資源の場合と同様に地道な努力とその積み重ねが期待される．日本はここでも世界の手本になるような実績を示している．したがって，これまでの実績をふまえ，いま以上に世界をリードする役割が期待されている．

8.2.2　資源リサイクルの現状

　ここまで，「廃棄物処理」に関する近代史を眺めてきたが，わが国は，環境問題の複雑化と地球規模の環境問題に対応するため「**環境基本法**」(1993 年) を制定した．しかし現実には，増大する廃棄物の最終処分場の不足や不法投棄の増大などの切実な社会問題を解決することが先決だろう．1991 年「**資源有効利用促進法（リサイクル法）**」が施行され，3R の取り組みを総合的に推進するために，国内でも制度的に家庭や企業・自治体での分別・収集が行われている．
さらにわが国は，大量廃棄型の経済社会から脱却するため，2000 年に「**循環型社会形成推進基本法**」を定め，数値目標を含めたリサイクルによる循環型社会の形成を推進した．

以降，リサイクル関連の国内法として，容器包装類・家電・食品・建設・自動車などの「個別リサイクル法」が次々と整備され*8，主に民生用の製品や廃棄物などの分別回収・再資源化・再利用について世界に誇る高い資源リサイクル率を達成し，循環市場を構築している（図8-6）．環境汚染のリスクを回避するために，法律や規制を強化することが最も効率的な政策手段として採用されてきた．ただし，廃棄物処理は公共的な事業であるが，リサイクルは民間の経済活動である．民間の事業を効率よく行うには，規制は少ないほどよいともいえる．

8.2.3 廃棄物リサイクル制度の課題

廃棄物の定義は，廃棄物処理システムや社会制度設計の根幹に関わるほど重要である．国の通達によると，資源と廃棄物の区別は，**有価**で取り引きされるものが「資源」，**処理費**をともなうものは「**廃棄物**」である．しかし廃棄物をどう定義するかは難しい．

従来から資源として扱われてきたものが，価格の低落で処理費をともなうようになっている．これを「**逆有償**」という．逆有償のものは廃棄物ということになり，たとえば古紙回収業者の集積場は廃棄物処理施設という規制を受ける．一方，廃棄物であっても，これは有価であると主張すると，廃棄物として規制を受けない．処理費

*8 補説
◆リサイクル関連の国内法
・資源有効利用促進法（改正リサイクル法 1991）
・容器包装に係る分別収集及び再商品化の促進等に関する法律（容器包装リサイクル法 1995）
・特定家庭用機器再商品化法（家電リサイクル法 2001）
・国等による環境物品等の調達推進法（グリーン購入法 2001）
・建設工事に係る資材の再資源化等に関する法律（建設リサイクル法 2002）
・食品循環資源の再生利用等の促進に関する法律（食品リサイクル法 2002）
・使用済自動車の再資源化等に関する法律（自動車リサイクル法 2002）

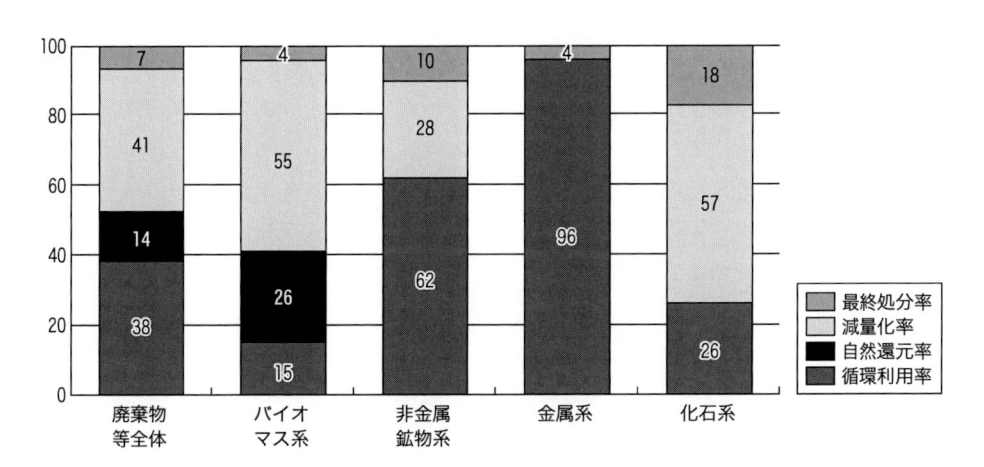

図8-6 産業廃棄物の循環利用と処分
環境省 2004 年資料をもとに作成．

> [*9 事例]
> ◆フェロシルト事件
> 2003年，三重県にある大手企業の二酸化チタン製造工程から排出される副産物を産業廃棄物とせず，中和処理後リサイクル製品「フェロシルト」として，約70万トン余りを近隣県に販売，土壌改良や埋立てなどに使用された．しかし2005年に，フェロシルトに環境基準を超える六価クロム，フッ素などが含まれていることが判明した．調査により，実質的には「逆有償性」などから産業廃棄物と判断された．各地方自治体は企業に対し，フェロシルトの撤去命令を出しているが，撤去はなかなか進んでいない．2006年，工場の元副工場長ら4人が逮捕された．

は別名目で取るといった脱法行為や刑事事件が実際に数多く明らかにされている[*9]．

リサイクル法では例外的に「廃棄物処理法」の規制を緩和するというしくみになっている．「廃棄物処理法」で定める処理業の許可，設備の認可，マニフェスト交付などに規制緩和措置を設け，リサイクルの推進をバックアップしている．

世界は化石資源の枯渇や高騰で，資源戦争の様相を呈している．リサイクル化された有価の廃棄物の多くが取引価格の高い中国などに輸出され，国内のリサイクル関連企業の破綻などで回収システムが機能しなくなった．さらに2008年後半からの世界的な経済不況は，アジア市場などへの輸出の急減により，リサイクル資源は当面の行き場をなくした．環境保全を含めた資源循環の営みや努力も，資源問題や市場経済原理に翻弄されている現実がある．

8.2.4 廃棄物問題の国際的な取り組み

廃棄物による環境問題は，国内問題にとどまらない．1992年，特定有害物質の輸出入を規制する「**バーゼル条約（有害廃棄物の越境の移動規制に関する国際条約）**」(p.151参照) が発効した（1989年採択）．この条約は1976年イタリア・セベソ事故（農薬工場の爆発）で放出されたダイオキシン等の汚染管理土壌が不法越境し，1983年に北フランスで発見されたことが契機となった[*10]．

国内でも「**特定有害廃棄物等の輸出入等の規制に関する法律**」が1992年に制定された．有価の廃プラや金属スクラップなどの国際的循環リサイクルも活発に行われる一方，日本の医療廃棄物が，フィリピンに大規模に不法輸出されるなど，国際的な「公害輸出」が生々しく映像で報道された違法な事例も数多くある．

> [*10 事例]
> ◆廃棄物の国際越境・セベソ事故
> 1976年，イタリア北部の都市セベソの農薬工場で大規模な爆発事故が起きた．広範囲の居住地区にダイオキシン類が飛散，家畜などが大量死した．2,3,7,8-TCDDの高濃度暴露によると考えられる皮膚炎の発症も招いた．高濃度の汚染を受けた地域の700名以上が強制退去させられた．
> 多量のダイオキシンなどを含む汚染土壌をドラム缶に封入し，厳重保管されたが1982年に行方不明になり，8ヵ月後に北フランスで発見された．フランス政府はイタリア政府に対して回収を要請したが拒否され，最終的には事故を起こした農薬工場の親会社のあるスイスの政府が道義的責任にもとづき回収した．
> 1982年に当時の欧州共同体EC（現在の欧州連合EU）が，有害物質汚染を減らし人々の安全を守るための規制を求めた「セベソ指令」を加盟各国に求めた．

8.3 多様化する廃棄物

8.3.1 新しい環境汚染

廃棄物や環境汚染物質の問題は，量だけの問題ではない．4章（p.52）で見たように，レイチェル・カーソンは，1962年『沈黙の春』を出版し，自然界に滞留したDDTや農薬が，野生動物や人類

の生態系に影響を与えると警鐘を鳴らした．1960年代後半から日本で深刻な社会問題や健康被害を起こした新規化学物質の**PCB**，さらに新しい環境汚染物質の**ダイオキシン類**，**内分泌かく乱物質（環境ホルモン）**などについては，文献等で学んでほしい．

これらはストックホルム条約で「**残留性有機汚染物質（POPs）**」としても議論され，国際的に協調して削減と廃絶が進められている．世界の海洋，湖沼におけるこれら物質の食物連鎖や生物濃縮，世代間にわたる人や野生動物などへの長期的影響が，各国の政府機関と学者・研究者によって，引き続き研究されている．技術者には，それらの先端情報を習得しながら，明日への不安を残さない対応をすることが求められる[*11]．

8.3.2 放射性廃棄物の問題

1995年の阪神・淡路大震災では兵庫・大阪2県の**震災廃棄物**（がれき類）が約1500万トンも排出された．2011年の東日本大震災の地震・津波は東北地方沿岸の都市住区をことごとく流失させ，大量の震災廃棄物を生んだ[*12]．この震災によって東京電力・福島第一原発事故が起こり，震災がれきや土壌に放射能汚染がもたらされた．

岩手・宮城県2県が求めている「**広域処理廃棄物**」は約2000万トンとなり，通常の一般廃棄物の10～20年分に相当する．大量の震災廃棄物や放射能汚染と除染の廃棄物は，その量と質において究極的な廃棄物問題である．この解決には市民の冷静な判断と自助・共助・公助それぞれの視点での強い理念が必要であろう．

わが国の**放射性廃棄物**管理を規制する主要な法令は「**原子炉等規制法**[*13]」と「**放射線障害防止法（放射性同位元素等による放射線障害の防止に関する法律）**」である．RI医療分野で「**医療法**」，「**薬事法**」などの規制も受ける．

放射性廃棄物のうち，低レベル放射性廃棄物は，その放射能レベルに応じて分類され，その安全を確認して適切に処分される．放射性同位体（ラジオアイソトープ：RI）を使用する実験施設や検査部門から出るX線源の廃棄物などの放射性廃棄物は，「**原子力基本法**」に規定されており，廃棄物処理法に該当する産廃ではない[*14]．

2000年に「**特定放射性廃棄物の最終処分に関する法律**」が公布され，管理と処理・処分事業は原子力発電環境整備機構（NUMO）が

[*11] 補説
◆**マイクロプラスチック問題**
海洋に流出したプラスチックは波や紫外線等の影響を受けるなどして，小さなプラスチックの粒子となる．5mm以下になったプラスチックは，マイクロプラスチックと呼ばれ，自然分解することなく，数百年間以上もの間，自然界に残り続けると考えられている．プラスチックの製造の際に添加物が使用されたり，漂流中に化学物質を吸着したりして，マイクロプラスチックには有害物質が含まれていることが少なくない．そして，マイクロプラスチックが海洋生態系に取り込まれ，海洋生物だけでなく，食物連鎖により人体にも影響を与えることが懸念される．

[*12] 補説
この震災廃棄物の焼却処理後の灰の放射性セシウムの予測値は8000Bq以下であり，国の基準では管理型処分場の覆土で安全に処分できるが，全国の多くの自治体が処理受け入れに消極的である．福島県の震災廃棄物・汚染土壌は放射能汚染のため，県内処分とする国の対応には，自治体・住民の同意が得られず難航している．放射能濃度が極めて低く人の健康への影響が無視できるものを放射性物質として扱わないことを「クリアランス」（NR：Non radio-active Waste）という．人の健康への影響が1年間あたり0.01ミリシーベルトを超えないよう定めるその基準を「クリアランスレベル」という．

[*13] 補説
◆**原子炉等規制法**
正式名は「核原料物質，核燃料物質及び原子炉の規制に関する法律」．放射性廃棄物の環境への放出，処理，貯蔵，管理，処分に至るまでの規制を行う．放射性廃棄物の廃棄の責任と処分費用の確保は原則としてその発生者責任である．国は放射性廃棄物の処分政策を担い，ウラン等の核燃料物質の廃棄物などは法律と行政が監督と安全規制を行う．

> ***14** 補説
> ◆ RI 廃棄物（研究所等廃棄物）の処理
> 一般的に放射能レベルが低く少量であるが，放射線障害防止法，原子炉等規制法の双方の規制を受ける．適切な処理処分として
> 1．分別管理
> 2．数量減量，放射性物質の溶出抑制，焼却処理，固形化処理等の減容・無害化・安定化処理
> 3．廃棄物の性状に応じた埋設処分を行う．現在は保管廃棄までの規定しかない．

> ***15** 補説
> 日本の原発政策は，使用済み核燃料をすべて再利用する「核燃料サイクル」を前提に構築してきた．2011年の福島原発事故により将来の原発削減に向けて大きな政策転換が必至である．このため経産省は，これまでの保管貯蔵も考慮して，2012年8月，政策変更のため使用済み核燃料は廃棄物として地中に「直接処分」ができるように「最終処分法」の改正方針を固めた．地層処分などの技術内容は，日本原子力研究開発機構（JAEA）の報告で詳述されている．

担っている．原子力長期計画では，高レベル放射性廃棄物は再処理施設で固化安定・冷却・貯蔵後，地下の深い地層中に処分（**地層処分**）することが基本方針であるが，最終処分場は現在のところ存在しない*15．具体的な放射性廃棄物処理の現状を以下に挙げた．

❶ 廃棄の処理方法

「廃棄の業」（廃棄業者）は，全国規模では（社）日本アイソトープ協会（JRIA）と日本原子力研究開発機構（JAEA）のみである．集荷された RI 廃棄物の約 6 割が，上記二つの施設において焼却処理や圧縮処理のうえ保管され，固形化処理はされない．その他の RI 廃棄物は未処理の状態で，特別にドラム保管されている．

❷ 高レベル放射性廃棄物

ガラス固化＋金属容器（オーバーパック）＋粘土などで保護され，地下 300 m 以下で地層処分をされる．原発使用済み燃料は核燃料サイクルをめざし，青森県六ケ所村で一時貯蔵されている．再処理工場はトラブルも多く操業延期の状態にある．

8.3.3 廃棄物問題の解決に向けて

大量消費時代における廃棄物に焦点を当て，倫理的な視点で環境問題を眺めてみると，人口増加や経済発展と廃棄物との間には多くの難問が山積されている．これらの問題を解決するために，トレードオフの関係に陥ってはいけない．環境を犠牲にすることなく，自らの責任で廃棄物を処理することが最善の策である．

地球環境問題が多様でより深刻化している今日，私たちはまず資源循環型社会の賢明な市民としてのあり方をしっかりと自覚する必要がある．

考えよう・話し合おう

- 今よりもさらに廃棄物を減らすためにはどんな技術開発が求められるか，具体的に提案してみよう．
- 自分自身の廃棄物をどれだけ減らせるか，できるだけ工夫して削減できる量を計算してみよう．

Technological Column   No. 8

「循環資源」について

■無料の資源

　資源とはなんであろうか．自然（地球）から得られ人間の生活や産業などに役立つもの，とでもいえるだろうか．では，その値段はいくらか．実は，われわれが自然から得ている資源はすべて無料である．

　たとえば，石油は，採掘費用や運搬費用，それに産油国と消費国の駆け引きで値段が決まっており，もともとの石油そのものの値段は無料である．

　若干の例外として，日本の林業は何世代にもわたって苗木を植え育てて伐採し木材を得ており，この場合は資源を再生する費用が含まれているといえる．日本の森林資源は先進国で類をみないほど豊富であるのに，南洋材が安価であるという理由で大量に輸入している現在は，ただ南洋の砂漠化を推進していることにしかならない．逆に費用のかかる日本の森林は荒れ放題になってきている．

　こうした何気ないわれわれの活動が，地球上の資源を使い尽くそうとしている．生物多様性の重要性が見直されるなか，たった一つの「種」であるホモサピエンスだけにこのような行為が許されるはずがないであろう．

■「もったいない」の思想

　一方，もともと低資源国の日本は循環型社会であり，資源を「もったいない」の思想で徹底的に活用してきた．江戸時代には鎖国をしながら平和な社会がそれなりに栄えた時代をすごせた．

　日本では「豆狸がとっくり持って酒買いに」という言葉があるように，豆狸でも容器を持って中身だけ買いに行っていたのである．

　余談になるが，人（動物）の排出物を「有価物」として扱うのは日本（広くはアジア）の特質であると思う．生産地と消費地が近かったこともあり，農家が対価を払ってでも人糞を汲み取り，発酵させ，田畑の肥料としていた．アジアでも燃料や断熱材等に家畜の糞を活用しているところがあちこちにある．

　一方，西洋では，ローマ帝国時代すでに水洗便所を使っていたように，不要物・汚物との認識が強かったのではないか．しかし，産業革命期以前の英国では，都市部で発生する「ナイトソイル（人の排泄物）」を近郊農業者が買い取っていた事例もある．近年になって，ナイトソイルの再資源化が見直されているようでもある．

■循環資源の活用と課題

　先進国では資源循環の活用が進み，都市ごみからの容器類回収も定着してきた．事業系の排出物も，最近は業種を超えて活用されている．たとえば，半導体工場での使用済み廃薬液を，純度を必要としない素材産業で洗浄用に活用したり，燃焼可能な汚泥をセメント工場で処理したりしている．

　一方，途上国では業種を超えた再生可能資源の流通ルートが開拓されないことが，リサイクルが進まないひとつの理由となっている．

■ホモサピエンスの時代継承

　ホモサピエンスはまだ100万年も存在していない．あの恐竜の時代が1億4千万年も続いたことと比較して，あまりにも短い．しかし，人類の活動が現在の地球に与える影響は大きい．エネルギー問題や地球温暖化に加えて，資源の有効活用，循環活用の重要性を肝に命じ，何ができるかを真剣に考え，一人ひとりが行動を起こさねばならない．

9章 生物多様性

　生物多様性（Biodiversity）の保全と持続可能な利用は，地球温暖化対策とともに将来の地球生態系にとって重要なテーマとなっている．本章では，生物多様性がなぜたいせつなのか，そして生物多様性保全のこれまでの取り組みと現状および将来の課題について，環境倫理とのかかわりから見ていく．

9.1 生物種の絶滅と多様性喪失の歴史

9.1.1 生命40億年の歴史から見た生物多様性

　地球が誕生してから46億年，そして全生物の共通祖先である**原始生命体**が海で誕生してから40億年という，気の遠くなるような長い時間が経過している．いま地球上はさまざまな生命体にあふれている．その数は科学的に明らかになっているものだけでも170万種を超え，未知のものを含めると3000万種ともいわれる．

　約150年前にチャールズ・ダーウィンが『種の起源』[*1]で示したように，遺伝子の突然変異と生存競争という淘汰圧による**進化プロ**セスは多種多様な生物を生み出してきた．これは40億年の間，変わることなく続いてきた．

　ここで，「種」とはリンネによる生物の分類体系上の最小単位であり，その構成員が自然条件のもとで交配できるような集団と定義される．図9-1に今の地球上に存在する種の数を示している．数の上で最も多いのは昆虫であり全生物約170万種の半分を占めている[*2]．ただ，種数ではなく量的に見ると最も多いのは，細菌類が含まれる原核生物である．

　地球誕生からの46億年を1年のカレンダーにたとえると，生命

[*1] 文献
ダーウィン『種の起源（上・下）』（岩波文庫，1990）．ダーウィンが『種の起源』を発表したときは，まだメンデルの遺伝法則も遺伝子の存在も知られてはいなかった．

[*2] 補説
未知のものを含めると地球上の全生物種は，3000万種以上に達するといわれる．

の誕生は2月17日，今の地球上に見る多様な生物の原型が形づくられた**カンブリア爆発**は11月20日，花を咲かせる植物が誕生したのは12月22日，そして今地球上で70億人を超えるヒトが誕生したのは500万年前，すなわち12月31日の午後2時である．さらに，現生人類（ホモ・サピエンス）の出現は現在から4時間前でしかない（**図9-2**参照）．

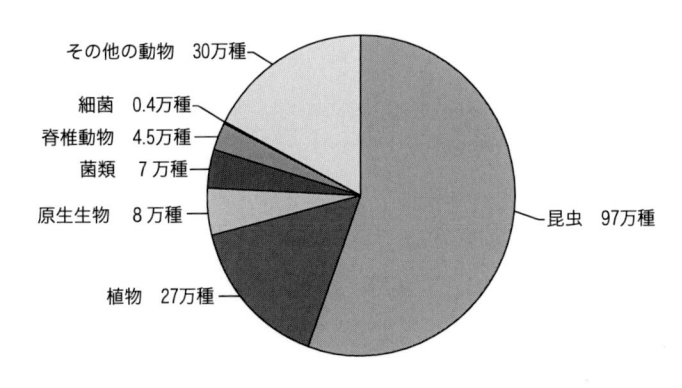

図9-1 地球上にいる「種」の数と割合
「平成22年版環境白書」を参考に作成．

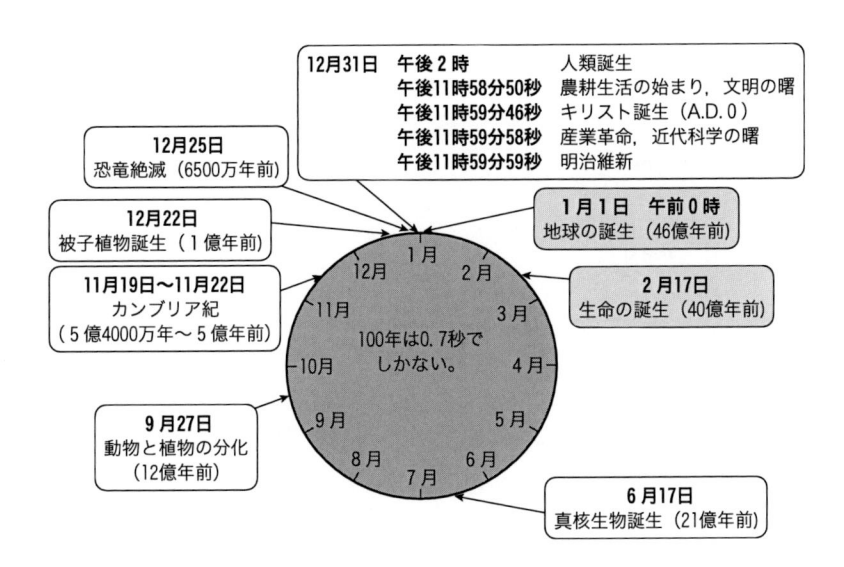

- その他の動物　30万種
- 細菌　0.4万種
- 脊椎動物　4.5万種
- 菌類　7万種
- 原生生物　8万種
- 植物　27万種
- 昆虫　97万種

図9-2 地球誕生からの46億年を1年にたとえると
46億年を42.195 kmに換算すれば，2000年は1.8 cmにすぎない．

- 1月1日 午前0時　地球の誕生（46億年前）
- 2月17日　生命の誕生（40億年前）
- 6月17日　真核生物誕生（21億年前）
- 9月27日　動物と植物の分化（12億年前）
- 11月19日〜11月22日　カンブリア紀（5億4000万〜5億年前）
- 12月22日　被子植物誕生（1億年前）
- 12月25日　恐竜絶滅（6500万年前）
- 12月31日　午後2時　人類誕生
  - 午後11時58分50秒　農耕生活の始まり，文明の曙
  - 午後11時59分46秒　キリスト誕生（A.D. 0）
  - 午後11時59分58秒　産業革命，近代科学の曙
  - 午後11時59分59秒　明治維新

100年は0.7秒でしかない．

9.1.2 地質年代から見る生物大量絶滅の歴史

絶滅とは，特定の生物がもつ遺伝子の喪失であり，その生物が永遠に失われることをいう．種の絶滅は生命の出現から現在に至る長い進化の過程で絶えず起こってきた．ある種の生物が絶滅すれば，その空いたニッチを新たな種の生物が代わりに埋めるということがくり返されてきた．現在の地球上に存在する170万を超える生物種は，過去に存在した何億とも推定される種の生き残りでもある．種の継続的な絶滅は，ある意味では生物の多様性獲得にとって意味のあるプロセスでもある．

このような生物の継続的な絶滅に加え，地質年代から見ると過去に大きな生物種の**大量絶滅**が記録されている（図9-3）．

カンブリア紀以降（顕生代）の地質に刻まれた生物の大量絶滅は五回あった．その原因はいずれも気候変動や火山の噴火，隕石の地球への衝突などの**自然現象**にもとづくものであった．たとえば，今

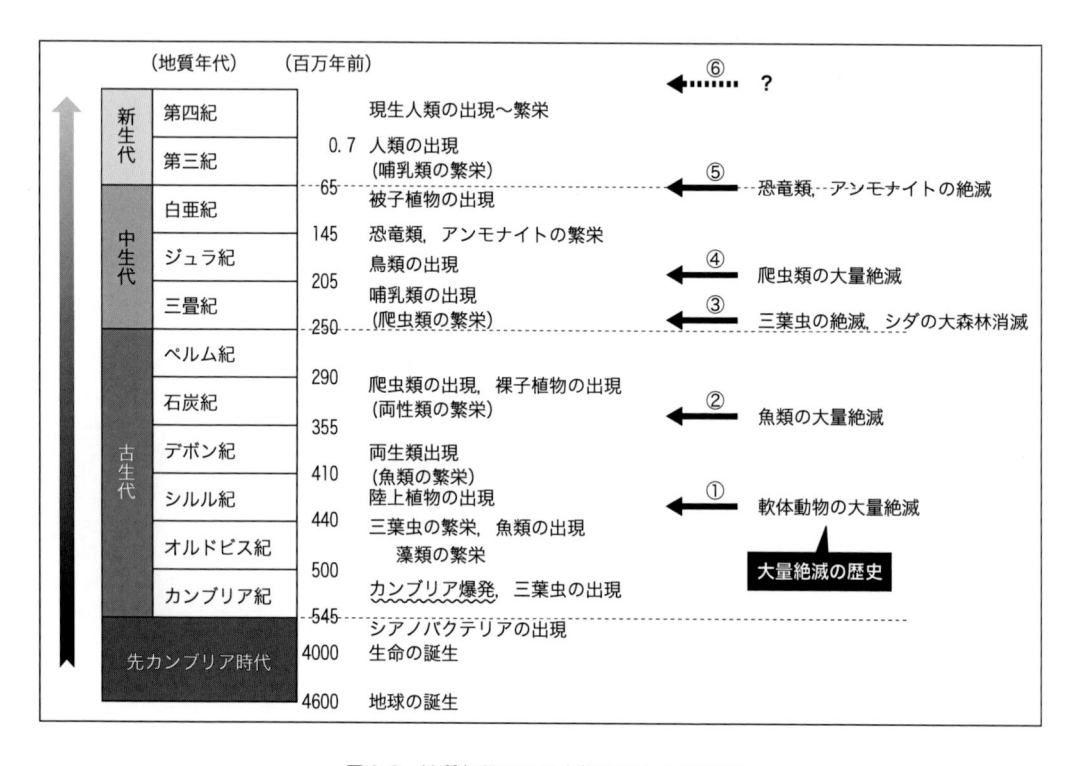

図 9-3 地質年代に見る生物出現と大量絶滅

から6500万年前，白亜紀末の大量絶滅は，直径15 km ほどの小惑星が秒速20 km で現在のメキシコのユカタン半島（当時は海であった）にぶつかったことが原因とする説が有力である．それにともない衝撃波と熱線が走り，マグニチュード11以上の地震と，高さ300メートルの津波が起きたとみられる．その結果，1千億〜5千億トンの硫酸塩や煤が大気中に放出されて太陽光を遮り，酸性雨や寒冷化を引き起こし，植物プランクトンの光合成が長期間停止するなど，生物の約6割が絶滅したと考えられている．1億5千万年以上続いた恐竜の時代はここで終わった．

現在，自然現象としての生物種の絶滅速度を大きく越えた六度目の大量絶滅が進行しているのではないかと危惧されている．この生物の大量絶滅は，これまでの五回のように自然現象が原因ではなく，**人為的要素が大きい**とされている（9.3節参照）．

9.1.3 資源としての生物の収奪

私たちはさまざまな形で生物を利用している．歴史を見ても，人類は生きていくための食糧を野生の動物・植物に頼り，やがて農耕，牧畜を始めた．その過程で，人類は大型哺乳動物の多くを絶滅に追いやってきた．さらに人口の増大は，他の生物に対する圧力となってきた．特に，16世紀中ごろから始まった大航海時代以降，新大陸の生物資源はヨーロッパ諸国の収奪の対象となった．東インド会社の目的のひとつは**生物資源**の収集にあった[*3]．

アメリカ大陸にヨーロッパ人が入植したとき，当時の全地球の人口よりも多い50億羽ものリョコウバトがいた．食料や羽の利用のためにリョコウバトは乱獲され，瞬く間に絶滅に追いやられた．バイソンも絶滅寸前まで追い込まれた．

このような例はこの時期のアメリカ大陸だけに限ったことではない．地球上の人口が急増し，先端科学技術の進展と大量輸送手段を手に入れた20世紀後半以降，森林資源や漁業資源をはじめ，人類による生物資源の収奪が，かつて経験したことのない著しい生物多様性の喪失（種の減少）の原因となっている．

たとえば，世界の漁業生産量はFAOの「世界漁業・養殖業白書2010」によると1950年にわずか20万トンであったものが，2008年には140万トンを超えている．

[*3] 事例
◆植民地とプラントハンター
ロンドンにある王立キューガーデンは植物の保存において世界最大規模である．その植物収集に大きな役割を果たしたのが，18世紀から19世紀にかけてのイギリス植民地拡大で活躍したプラントハンター（植物収集専門家）たちであった．いまはガーデニングで有名なイギリスも，当時は貧弱な植生でしかなかった．プラントハンターは，熱帯産のラン，日本産のユリなどを持ち帰るとともに，胡椒，紅茶，ゴム，タバコ，コーヒーなどさまざまな植物資源をインドやマレー半島などで栽培し，植民地経営に大きな役割を果たした．

9.2 生物多様性はなぜたいせつなのか

9.2.1 生態系からの恵み

私たちは，地球生態系の一員として他の生物と相互に共存しており，衣食住にわたって生物資源から多くの恩恵を受けている．他の生物資源を利用せずに生きていくことはできない．また，医薬品や工業原材料の多くも生物資源を利用している．レジャーやレクリエーションといった文化的活動も豊かな生態系なしには成立しない．

国連ミレニアム生態系評価（2005 年）[*4]では，私たち人類が自然生態系から受けている恵みを 4 つにまとめている．それは，①供給サービス，②調節サービス，③文化的サービス，およびこれらを支える④基盤サービスである（**表 9-1**）．

[*4] 文献
Millennium Ecosystem Assessment〔横浜国立大学 21 世紀 COE 翻訳委員会 監訳『生態系サービスと人類の将来』（オーム社，2007）〕

表 9-1　自然生態系からの「4 つの恵み」

1.	供給サービス	生態系から得られる素材や製品（衣食住を支える素材）	食糧，繊維，燃料，遺伝子資源，淡水など
2.	調節サービス	生態系が自然のプロセスを調節することから得られる恵み	気候調節，大気質の調節，水の調節，土壌侵食の抑制，水の浄化と廃棄物の処理，疾病予防など
3.	文化的サービス	生態系から得られる非物質的な恵み	景観，審美的価値，精神的・宗教的価値，教育的価値，レクリエーション的価値
4.	基盤サービス	他のサービスを維持するための自然の循環プロセス	土壌形成，光合成，栄養塩循環，水循環など

国連ミレニアム生態系評価（2005）より．

また，**図 9-4** は，これら生態系サービスの人間の福利を構成する要素との関連を示している．これを見れば，私たちの生活がいかに生態系サービスに依存しているかがわかる．生態系サービスの示す経済価値もまた莫大である．

9.2.2 生物多様性とは

生物多様性（Biodiversity）という言葉は，生物学的な多様性

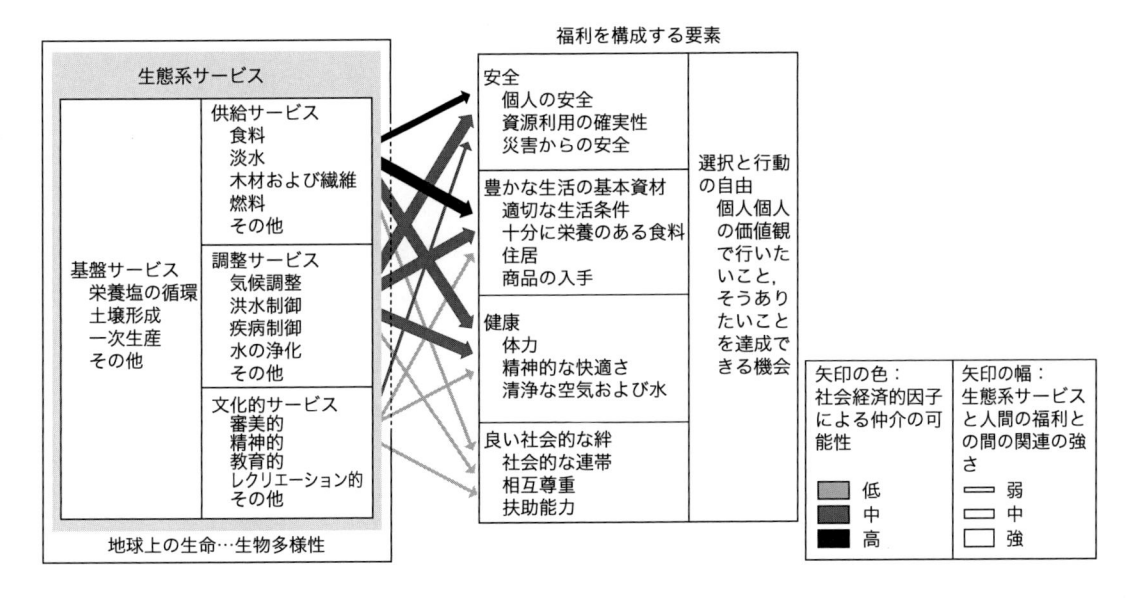

図9-4 生態系サービスと人間の福利との関係
Millennium Ecosystem Assessment：国連ミレニアム生態系評価（2005）より．

（Biological diversity）を表す語として，1980年代後半，アメリカの生物学者ウォルター・G・ローゼンおよびエドワード・O・ウィルソンが用い，世界中に広がった．

　数え切れないほどの多くの生物が，私たち人間を含め，それぞれの環境で相互に依存し合いながら多様な生態系を形成している．自然がつくり出したこの多様な生物の世界を総称して「生物多様性」という．また，生物多様性は進化の結果として，多様な生物が存在するというだけでなく，進化と絶滅という長い時間軸上の変化を含む概念でもある．具体的には次の三つの多様性がある．

① 生態系の多様性
② 種の多様性
③ 遺伝子の多様性

　生態系の多様性とは，海洋，沿岸，干潟，サンゴ礁，湿原，河川，森林，里地里山，サバンナあるいは大陸から遠く離れた海洋の孤島など，この地球上には多様な生態系が存在していることを示してい

る．この多様な生態系が存在することで，多様な種が育まれる．

種の多様性は，生態系のなかでさまざまな種が生息していることを指す．さまざまな生物種（動物，植物，微生物）は，食物連鎖を通しおたがいが依存し合って生態系のバランスを保っている．

遺伝子の多様性は，同じ種でも異なる遺伝子をもつことにより，形や模様，生態などに多様な個性を示すことを指す．同じ種のなかで多様な遺伝子をもつことは，環境変化への適応や進化の圧力となって，その生物種が存在し続けるためにたいせつである．現在の地球上の生物種が多様であるということは，遺伝子の多様性によって支えられている．今，地球上の70億人のヒト（ホモ・サピエンス）はすべて同じ一つの種内の生物である．その多様性は，両親の配偶子がつくられるときの，減数分裂での染色体の連鎖と交差によって起こる．このように同じヒトであっても70億の異なった遺伝子が存在している．

生態系，種，遺伝子の三つの多様性はさまざまな関係でつながっており，この複雑な関係の糸が生物多様性を生み出している．

生物の多様性は固定化したものではない．自然界の生存競争や共生など，生物どうしの自然な相互関係により，自由に進化・絶滅していくダイナミズムが確保されてこそ，生物多様性の保全につながるのである．

9.3 現代の生物多様性喪失の原因と現状

9.3.1 生物多様性四つの危機

現代の生物多様性危機の原因として次の四つが指摘されている．

❶ **開発や乱獲による種の減少・絶滅，生息・生育地の減少**

鑑賞や商業利用のための乱獲・過剰な採取，埋め立てなどの開発による生育環境の悪化・破壊といった人間活動が自然に与える影響は大きい．都市化やダム建設，河川堤防のコンクリート化なども種の減少に影響を与えている．一本の道路建設が生物の往来を妨げ，生態系のつながりが分断されて種の絶滅につながることもある．一方で道路建設前は一つの種であった生物群が，道路で隔てられて地

理的に隔離されることにより一つの種が二つの種に分化することもある*5. 一部の生物が絶滅すれば，食物連鎖を通して生態系全体に影響し，生物多様性の低下につながる可能性がある．

❷ 里地里山などの手入れ不足による自然の質の低下

　二次林や採草地が利用されなくなったことで，生態系のバランスが崩れ，里地里山の動植物が絶滅の危機にさらされている．また，シカやイノシシなどの分布拡大も生態系に大きな影響を与えている．ただし，里地里山は決して原生自然ではない．人手の入った生態環境であり，人との共存のうえに豊かな生物多様性が形成されていることを理解しておかねばならない．

❸ 外来種などの持ち込みによる生態系の攪乱

　外来種が在来種を捕食したり，生息場所を奪ったり，交雑して遺伝的な攪乱をもたらしたりしている．私たちの身近なところでの外来種による影響は，和歌山県におけるタイワンザルとニホンザルによる交雑，琵琶湖におけるブラックバスによる在来のニゴロブナへの影響，ペットとして入ってきて野生化したアライグマ，アカミミガメによるさまざまな影響，植物ではセイヨウタンポポやホテイアオイなど，数えあげればきりがないほど多い．

　グローバル化により人・物の往来が増え，ペットや鑑賞用に持ち込まれた種が野生化するケースが多い．日本でも，近年は侵略的外来種によるわが国固有の生態系への影響が大きくなっている．

❹ 地球温暖化による影響

　気温上昇による生息環境の変化により，地球規模で生物多様性に影響を与えることが心配されている*6.

　❶と❷はおたがい相反の関係にあるともいえる．自然環境に対して，人間の手が入りすぎることによる悪影響と，一方で人間の手が入らないことによる自然環境の荒廃・悪化がどちらも生物多様性にマイナス要因として働いている．このように，生物多様性の保全を考えるとき，一面的な見方ではとらえられないことがある．

　たとえば，地球温暖化も，個別の生物の側の視点から見ると，ある生物にとっては，その生育にマイナス要因として働くが，一方でプラス要因として働く生物もいることを考慮しなければならないという難しさがある．また，人間社会にとって有害な生物種も，それ

*5 事例
ガラパゴス諸島のフィンチ類に見られる生物の進化と多様性は海に隔てられた地理的隔離によるとされている．一本の道路や川であっても，小さな動物や飛ぶことのできない動物にとっては致命的な変化になる．

*6 事例
地球温暖化の進行が，生態系に対してどのような影響を与えるかは時間をかけて十分な科学的知見を得ることが必要であるが，海面温度の上昇が珊瑚の白化や死滅を引き起こしたり，ホッキョクグマの生息に対して影響を与えたりしているといった報告がある．

が生育する生態系にとっては必要，あるいは必須である場合もある．人間の立場や視点だけで考えてしまってはいけない問題もある．

9.3.2 種はどの程度減少しているのか

種の減少に対するさまざまな要因があるなかで，地球全体として種はいったいどの程度減少しているのだろうか．

1948年に設立された国際的な自然保護機関である，**国際自然保護連合**（IUCN：International Union for Conservation of Nature and Natural Resources）は，世界の絶滅の恐れのある種（**絶滅危惧種**）の現状や原因を「レッドリスト」としてまとめ，定期的に発表している．レッドリストのカテゴリー分けは図9-5に示したような構図になっている．このなかで，絶滅危惧種をその絶滅の危機度から絶滅危惧ⅠA類，絶滅危惧ⅠB類および絶滅危惧Ⅱ類の三つに分類している．

IUCNが2011年に発表した「レッドリスト2011」によると，これまでに発見された既知種数に対し，哺乳類では21％，鳥類では12％，両生類では28％が絶滅危惧にあるとしており，脊椎動物全体では11％となっている（評価を行った種数に対する割合では20％）．このほか昆虫などを含む無脊椎動物や植物でも調査が進められているが，評価された種数が既知種数に対し圧倒的に少なく，また未知

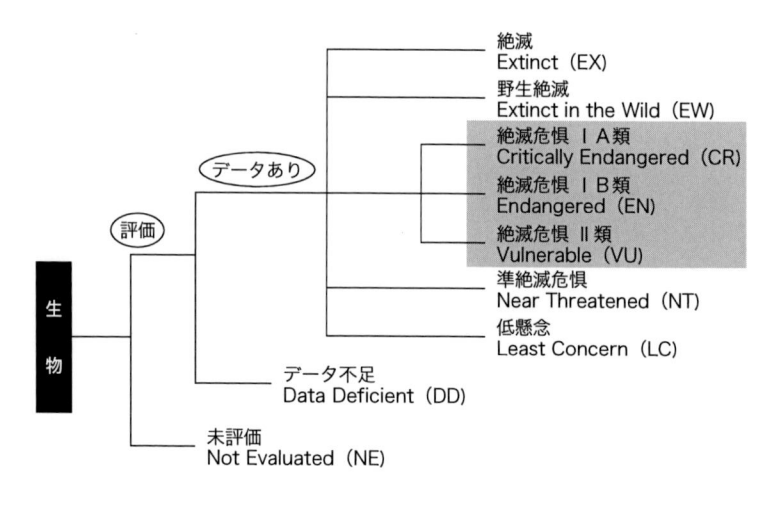

図9-5 レッドリスト・カテゴリーの構造

種数がこれらの生物に多いことから，この結果からは絶滅危惧の割合を判断できる状況にはない（**表 9-2**）．

表 9-2 地球上の絶滅の恐れのある種の割合

	既知種数	評価種数	絶滅危惧種数	対既知種割合	対評価種割合
脊椎動物	63,654	34,189	6,959	11%	20%
哺乳類	5,494	5,494	1,134	21%	21%
鳥類	10,027	10,027	1,240	12%	12%
爬虫類	9,362	3,004	664	7%	22%
両生類	6,771	6,312	1,910	28%	30%
魚類	32,000	9,352	2,011	6%	22%
無脊椎動物	1,305,250	11,112	3,199	0%	29%
植物	307,674	14,189	9,098	3%	64%
菌類・原生動物	51,623	18	9	0%	50%
総　計	1,728,201	59,508	19,265	1%	32%

IUCN レッドリスト 2011 をもとに作成．

9.3.3 生態系サービスの質の低下

2002 年の**生物多様性条約締約国会議**（COP6, p.134 参照）で，締約国は現在の生物多様性の損失速度を 2010 年までに顕著に減速させるという「**2010 年目標**」が世界目標として採択された．

2010 年 5 月に生物多様性条約事務局が公表した「地球規模生物多様性概況 第 3 版（GBO3）」によると，15 の評価指標のうち，九つの指標で悪化傾向が示され，2010 年の目標は達成されず，生物多様性と生態系サービスが失われていると結論づけられた．このまま損失が続くと，生態系が自己回復できる限界値である**転換点**を超え，将来世代に取り返しのつかない事態を招く恐れがあるとされた．

9.4 生物多様性を保全するために

9.4.1 生物多様性条約にいたる経緯

生物や生態系の保護のたいせつさは，すでに 1972 年に採択された「**人間環境宣言（ストックホルム宣言）**」に見ることができる．以

下にその第2条と第4条を示す.

> **第2条（天然資源の保護）**：大気，水，大地，動植物及び特に自然の生態系の代表的なものを含む地球上の天然資源は，現在及び将来の世代のために，注意深い計画と管理により適切に保護されなければならない.
>
> **第4条（野生生物の保護）**：祖先から受け継いできた野生生物とその生息地は，今日種々の有害な要因により重大な危機にさらされており，人はこれを保護し，賢明に管理する特別な責任を負う．野生生物を含む自然の保護は，経済開発の計画立案において重視しなければならない.

特に，野生生物の絶滅が過去になかった速度で進行し，生物の生息環境の悪化および生態系の破壊に対する懸念から，希少種の取引規制や特定地域の生物種の保護を目的に，1971年に**ラムサール条約**（特に水鳥の生息地としての国際的に重要な湿地に関する条約），1973年に**ワシントン条約**（絶滅の恐れのある野生動植物の種の国際取引に関する条約），1979年に**ボン条約**（移動性野生動物の種の保全に関する条約）が採択され，発効されてきた.

しかし，生物の多様性損失の深刻度からこれらの条約を補完し，希少種あるいは絶滅が危惧される特定の生物種を単に"保護"するだけではなく，その生物種が依存する生態系を包括的に"保全"することが必要となった.

さらには，生物資源の持続可能な利用を行うための国際的な枠組みとして生物多様性条約が国連において議論されるようになった.

9.4.2 生物多様性条約の概要

上記のような背景のもと，1987年より**生物多様性条約**の準備作業が始まり，1992年のリオ地球サミット（p.62参照）で，気候変動枠組み条約（p.99参照）とともに，その後の地球環境問題対応の重要な双子の条約として調印・署名が開始された．わが国は1993年に本条約を締結し，同年12月に発効した．2011年10月現在，条約を締結する国と地域は193となっているが，残念なことにアメリカは未締結である[*7].

この条約は，次のことを目的としている.

[*7] 補説
生物多様性条約の締結国会議はCOPとよばれる．1994年にバハマのナッソーで開催された第1回会議（COP1）からほぼ2年ごとに開催され，2010年には名古屋で第10回会議（COP10）が開催された（p.136参照）.

> ① 生物の多様性の保全
> ② その構成要素の持続可能な利用
> ③ 遺伝資源の利用から生ずる利益の公正かつ衡平な配分の実現

　ここでは，生物の多様性の**保全**（Conservation）を目的としており，生物多様性の**保存**（Preservation）が目的ではないことに注目しておく必要がある．3章（p.32）で見たように，"保存"と"保全"は厳密に区別される．

　保存とは，もともとある自然に人間がいっさい手を加えず，あるがままの原生状態にしておくことをいう．一方，保全は，自然に対し人間がある程度手を加えたり利用しながら管理することをいう．ある自然が持続可能な範囲内であれば利用してもよい．生物多様性条約は，私たち人間が生物多様性にいっさい手を加えてはならないということを求めてはいない．生物多様性の保全を図りながら，その構成要素の持続可能な利用を認めている．

9.4.3　生物資源をめぐる争奪と利益配分

　生物多様性の保全，生物資源の持続可能な利用とともに，生物多様性条約のもうひとつの大きな目的は，生物が有する**遺伝子資源**の利用と，そこから生ずる利益の公正かつ衡平な配分の実現である．

　種は，進化の過程で突然変異をくり返すなかで，さまざまな能力を身につけている．生物の遺伝子資源は，医薬品開発やバイオテクノロジーのための素材，植物の育種などにたいへん重要である．多くの植物は他の生物に影響を与えるさまざまな生理活性物質をつくり出している．各種鎮痛剤や抗生物質などの多くは自然が生み出したものである．吸血性のヒルは唾液に血液の凝固を防ぐ物質を含んでおり，血栓症の医薬品に応用されている．

　人の役に立つ未知の物質は生物の体内にまだまだ存在している．さらに，熱帯雨林などには未知の生物種がまだまだ多く，医薬品のもとになる遺伝子の宝庫といっていい．

　先進国の医薬品企業は，生物資源およびその遺伝子資源をもとに医薬品を開発し莫大な利益をあげている．しかし，それらの資源が

> II部 環境倫理の実践的課題

*8 事例
遺伝子資源を含む生物資源の利用は，医薬品，化粧品，食品から，材料・化学分野をはじめ，きわめて多くの分野におよんでいる．たとえば，インフルエンザの治療薬タミフルは中国原産の常緑樹「八角」（中華料理の材料でもある）を原料としている．また，マダガスカル原産のニチニチソウは抗がん剤の貴重な原料となっている．また，わが国の製薬メーカーが開発し，世界中で使用されている免疫抑制剤「タクロリムス」は土壌細菌から得られる．生物資源の多くは生物多様性に富む発展途上国に多く存在する．

*9 補説
COP10では，「自然と共生する世界」という中長期目標（2050年）を達成するために，「2020年までに，回復力があり，また必要なサービスを引き続き提供できる生態系を確保するため，生物多様性の損失を止めるための効果的かつ緊急の行動を実施する」という短期目標が設けられた．これは20の個別目標からなり，愛知目標と呼ばれた．その後，世界で森林減少や種の絶滅といった生物多様性の損失に歯止めがかからず，2020年に「愛知目標」を達成できなかったとする報告書を国連の生物多様性条約事務局が公表した．目標のうち14項目は「達成できなかった」と評価．外来種対策や保護区の設定など6項目が「一部達成」にとどまった．

豊富な熱帯雨林などの地域は，開発途上国にあることが多い*8．これらの地域の人たちは，先進国の技術開発の力を借りなければ有用な医薬品開発ができない．開発された医薬品の価値の大部分は先進国の製薬企業の知的財産となっている．

アメリカには製薬企業や種苗企業が多く，これらの企業の知的財産権が侵されることを懸念していることが，生物多様性条約を締結していない大きな理由である．

「遺伝子資源へのアクセスと利益配分」（ABS：Access and Benefit Sharing）が生物多様性条約の三つ目の目的としてあげられ，遺伝子資源の利用とそこから得られる利益の公正で衡平な配分についての議論が進んでいる．2010年名古屋で開催された生物多様性条約締約国会議（COP10*9）でも，主要議題のひとつとして議論が行われ，**名古屋議定書**（2010年10月30日採択）として**図9-6**に示すような合意に至った．

先進国も途上国も，遺伝子資源の有用性を十分に理解したうえで，将来にわたる持続可能な遺伝子資源の利用に努めることが求められている．

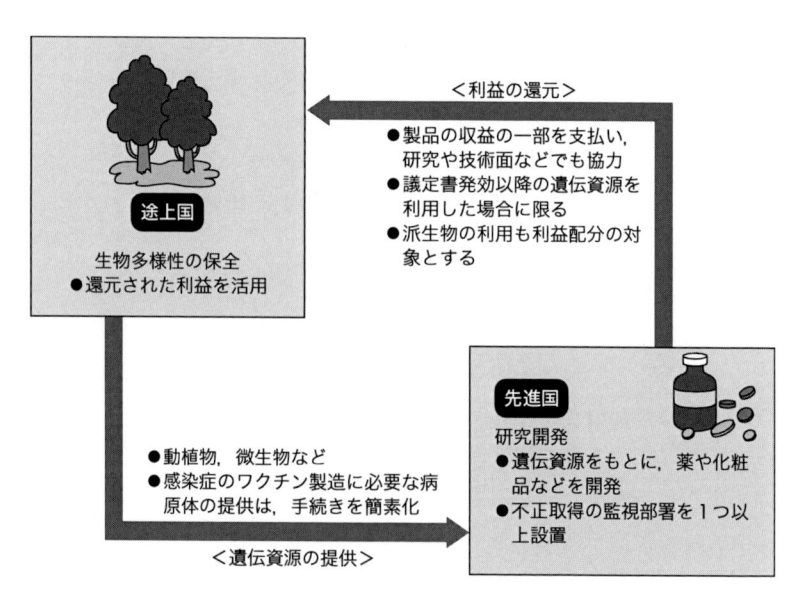

図9-6 名古屋議定書による生物遺伝資源の利用と利益配分

9.5 今後求められる生物多様性への配慮

　石油などの非再生資源の枯渇が現実味を帯びるなか，再生資源としての生物資源は，今後ますますその重要度が高くなっていくことであろう．あらゆる人間活動や産業活動は，生物多様性と生態系サービスに依存していると同時に，それらに対して大きな負の影響を与えている．

　生物多様性の保全のためには，生態系に対して人が手を加え，上手に管理していくことが必要である．しかし，生物ならびに生態系にはまだまだ未知の部分も多く，その行動には不確実性とさまざまなリスクがつきまとう[*10]．

　生物は，生存闘争と種の進化・分化により，種の多様性，遺伝子の多様性を獲得してきた．そして，今なお進化の途上にあり，生息する生態系も時々刻々と変化を続けている．生物多様性の保全とその構成要素の持続可能な利用のためには，科学的に現状を把握し，将来予測のための広域かつ長期的な観察とデータ収集・解析を継続的に行う科学者・技術者の活動もたいせつである．その状況によっては，多国間での予防的あるいは順応的な取り組みを行うことも必要であろう．

　人々の自然に対する価値観の多様性を理解したうえで，自然と共生する持続可能社会の実現に向け，環境への倫理的配慮をもった生物多様性への対応を心がけたい．

[*10] 補説
◆生態系の複雑さ
光合成に始まる食物連鎖は多彩な生態系を支えている．生物はたがいに密接な関係で結ばれており，1種だけで生きていける生物はないため，生態系を制御するのはきわめて難しい．地球上にはまったく同じ環境，生態系は存在せず，食物連鎖以外にも，生態系に影響を与える因子はたくさんある．キーストーン種といわれるヒトデ，ビーバー，ラッコなどたった1種のふるまいが生態系を支配している例も最近わかってきた．

考えよう・話し合おう

- 外国の生物資源を利用して研究されているものはないか，また，それはどのように採取され，利益分配されているか調べてみよう．
- 生物多様性の保全のために，科学技術の力で積極的に貢献できることはないか考えてみよう．

Technological Column No. 9
"二酸化炭素"は生命とくすりの起源物質

■**大気と生命の架け橋として**

2011年に起こった巨大地震・津波と台風12号・15号から、あらためて、自然の怖さを知ることになった。もともとこの地球は約46億年前に誕生し、数えきれないほどの大小の変動が続き、現在に至っている。改めて、この地球の変動、われわれの生命の誕生・持続の歴史を"二酸化炭素"を介してたどってみたい。

原始地球の地表のマグマは1000℃を越える高温であり、水蒸気、窒素および二酸化炭素などで覆われていた。やがて、地表の温度が下がり、水蒸気が水となり、海ができた。

この間、一酸化炭素を含む上記ガスがある種の条件下で反応し、アミノ酸などの有機化合物が合成された。さらに、それらとともに岩石に含まれる多くの元素や化合物が海に流れ込み、約40億年前にそれらの化学反応・化学進化によって原始生命体が誕生したといわれる。

その後、光合成細菌の出現により、水から酸素も発生し、約4億年前に炭酸同化作用をもつ陸上植物が誕生した。そして、さらなる生物進化により、現在生存する生物ができあがってきたとされている。

「すべての生物（微生物、植物、動物）は歴史的につながっている」といわれる所以はここにあり、"二酸化炭素"は大気と生物体との架け橋であるともいえる。これらの生物間の関連性は最近の「ゲノム（遺伝情報）の解読」によっても証明されてきた。

■**化石資源と医薬品との架け橋**

"二酸化炭素"の架け橋・循環の一例として、植物からの"くすり"の開発とその進化についても見てみよう。大昔からヤナギの樹皮には腹痛、痛風、リウマチ、歯痛などに対する鎮痛作用があることが知られていた。1800年代になり、その有効成分として配糖体サリシンが分離され、それを分解することにより、サリシル酸を得ることができた。

サリシル酸類は医薬品として世界的に脚光を浴びてきたが、ヤナギの樹皮から大量に得ることには限界があった。そこで、ドイツの化学者 A. H. コルベはコールタールから得られるフェノール（石炭酸）のナトリウム塩に、加圧・加熱下で"二酸化炭素"を反応させ、サリシル酸を合成することを発見し、その後、工業的生産に成功した。

サリシル酸の用途が拡大され、解熱鎮痛剤アスピリンをはじめ、結核治療薬のパスなど数多くの医薬品開発の幕開けとなり、世界の多くの人々に福音を与えることになった。

$$\text{C}_6\text{H}_5\text{ONa} + \text{CO}_2 \longrightarrow \text{C}_6\text{H}_4(\text{ONa})(\text{COOH}) \longrightarrow \text{C}_6\text{H}_4(\text{OH})(\text{COOH})$$

サリシル酸

■**二酸化炭素の歴史から見えてくること**

今や、二酸化炭素は"悪の根源"のようにいわれているが、その歴史を振り返ってみると、悪の面だけではないこともわかる。二酸化炭素は、地球上のあらゆる生物の"源"になっており、また、われわれの生活においても、多くの有用な有機化合物の"源"になっていることも事実なのである。

そういったことをふまえて、今後、われわれが英知を集めて、天然資源の乱用を防ぐとともに、科学技術を良心的に用い、自然との共生や地球資源の有効活用に真剣に取り組んでいくならば、人類の幸福をグローバル（地球的）かつ永遠に維持できるものと信じる。

第III部

科学技術の進展と環境倫理

10章 環境破壊と社会

　文明の発達と人口増加は，開発と進歩の支えが必要となる．その一方で，開発は廃棄問題による環境の劣悪化と汚染など自然界の破壊の原因にもなっている．社会は，環境を保護するために多くの法律や国際的な約束を取り決めてきた．本章では，環境倫理の基本的な主張をふまえ，これまでの歴史を眺めながら社会としての環境破壊への対応とその是非を考えてみる．

10.1 文明の発達と開発がもたらした環境問題

10.1.1 環境問題の原点

　アフリカで誕生した人類の活動は，採取・狩猟から始まり，しだいに栽培・牧畜へ移行した．人は火を使い，道具を発明し，より豊かで，より快適な生活の実現をめざした．その反面，牧畜が草地を減らし，焼畑が森林を損なうこともあった．そこに環境問題の原点がある．豊かになった人類は，やがて世界各地に文明を興したが，自らが引き起こした環境破壊が原因となり滅びた文明もある．近世には，さまざまな技術が発達し，驚くばかりの大規模な人間活動がくり広げられた．

10.1.2 産業革命の勃発と公害

　18世紀後半，水力や蒸気力の応用によって「道具から機械へ」変わる産業革命がイギリスで始まり，世界に波及した．結果として産業・経済・社会の大変革をもたらし，技術者の華々しい活躍が始まった．工業原料やエネルギー資源として鉱物や化石燃料を採掘し，消費することで，人類の生活は飛躍的に豊かで快適なものになった．

一方，工業の大規模化は**人口の都市集中**をもたらし，原料資源の採掘現場や工場，また市民社会のなかにも，多くの汚染物や廃棄物が放出されることになった．このような環境汚染が人びとの健康や安全を脅かし，いわゆる**公害**という社会災害を生みだし，人間と環境問題との壮絶な戦いがはじまった．

10.1.3　日本の環境公害の始まり

　わが国は，明治維新前後から欧米先進国の技術を精力的に導入し，殖産興業政策が国の主導により進められた．日本の産業革命は，日清戦争（1894～1895年）前後に，製糸・紡績などの軽工業を中心に本格化し，日露戦争（1904～1905年）前後に軍需部門を中心に重工業が発達して達成された．官営・富岡製糸場（群馬県），官営・八幡製鉄所（現北九州市）などは，産業革命時に国の主導で創設された代表例である．

　産業革命が進むにつれて環境の破壊も広がるのは当然の帰結である．さかのぼって環境破壊を眺めると，最初の大規模な環境破壊は，戦国時代の鉱山開発に始まり，鉱業とその関連産業で起こった．すでに江戸期には，鉱山開発による**鉱毒問題**が明らかになった．さらに明治期の富国強兵政策のもと，鉱山現場で環境破壊と健康被害が多発した．下記の事例は**三大鉱害事件**とよばれる．

---
① 足尾銅山鉱毒・煙害事件（栃木，群馬）
② 日立鉱山煙害事件（茨城）
③ 別子（べっし）銅山煙害事件（愛媛）

　これらの歴史には，環境に対処する経営と技術の視点，そして経営者と技術者の倫理感など，心して学ぶべきものが多く含まれている．ここでは③の別子銅山の事例を紹介する．

10.1.4　別子銅山における経営者と技術者の行動

　別子銅山は，元禄3年（1690年）に四国山脈中央部付近で鉱脈が発見され，世界的にもまれな高品位の鉱石であることが判明した．採掘権を得た住友家は，山中で粗銅までの製錬を行なった．明治期に入ると鉱山支配人・広瀬宰平は，フランス人技師を招聘し，別子

近代化計画書を作成させた．また，通訳で赴任した塩野門之助の才能を見込み，フランスに留学させ，鉱山技師長に任命した．以来，山中での製錬の近代化が進み，明治17年（1884年）には，製錬所を山中から新居浜海岸に移転させ，大幅な増産を実現した．

銅製錬は，硫化鉱を培焼するときに亜硫酸ガスを排出するため，煙害をともなった．製錬所が海岸部に進出し，生産量が増加するにつれ，周辺の農作物に煙害が起き，多くの農民から苦情がでた．

塩野は技術者としてこれを見過ごすことができず，新居浜の沖2 kmにある御代島まで煙道をつけ，その山の頂上に高い煙突を立て，そこから排ガスを排出するよう提案した．しかし，住友総理事の広瀬はこの提案には取り合わなかった．これが原因で塩野は，明治20年（1887年）住友を辞した．

広瀬は，深刻化した煙害問題に対処するため，裁判官を務めていた伊庭貞剛を住友に招聘した．伊庭はのちに住友総理事を継ぐことになるが，明治28年（1895年），技術者として塩野を新居浜へ再招聘し，煙害対策を建議させた．塩野は，製錬所を新居浜の北方20 kmの燧灘中央部にある四阪島に移すほかないと答申した．その予想投資額は，住友の1年の売上高に匹敵した．住友家十五代当主・吉左衛門友純と伊庭は，「住友の事業は住友自身を利するとともに，国家を利し，社会を利するものでなければならない」との住友家訓にもとづき，四阪島移転を決断した．四阪島製錬所は，予想の約2倍の資金を費やして明治38年（1905年）に竣工した（**図10-1**）．塩野は製錬所の操業を見届けて引退し，住友も農民もこれで完全解決と考えた．

図10-1 四阪島製錬所（明治38年）
住友史料館所蔵・提供．

ところが煙害は四阪島を中心とする半円弧上の，燧灘沿岸の農村・山林地帯にまで拡大した．製錬所からでた亜硫酸ガスは，気象条件によっては濃厚な帯状になって風下に流れ，対岸にまで達した．住友は煙害賠償交渉の席で，「亜硫酸ガスの除害方法は，鋭意検討中であるが，まだ世界のどこにも技術が完成していない．完成した暁には，たとえ煙害を弁償する額以上であっても，除害設備を設ける覚悟である」と述べ，技術による解決を約束した．その後さまざまな除害技術がつみ重ねられたが，最終的には，昭和14年（1939年），ヨーロッパで発明されたばかりの硫酸製造技術をとり入れ，排煙から亜硫酸ガスを回収し，硫酸を経て肥料を製造することにより，煙害問題を終結させた．

煙害で丸裸になった別子の山では，大規模な植林が行われた．温暖多湿の気象条件も幸いして，今では緑豊かな自然が戻っている．鉱脈は，やがて海面下1000mにまで掘り進められた．巨大な地圧のため安全な操業が困難となり，さしもの名鉱も，昭和48年（1973年），283年にわたる歴史の幕を閉じた[*1]．

10.1.5　第二次産業における環境公害

「環境基本法」第2条に列挙されている七つの公害（**大気汚染，水質汚濁，土壌汚染，騒音，振動，悪臭，地盤沈下**）は「**典型七公害**」ともよばれている．

すでに明治期の都市部では，製造業の発展がばい煙などの大気汚染をもたらしていた．化学，製錬工場などからの酸性ガスや，セメント，製粉，製錬工場，発電所などからの粉塵や排煙が大気汚染の主な原因であった．

大正・昭和期に入り，製紙，レーヨン繊維，さらには電気化学や有機合成化学産業が盛んになった．これら第二次産業の発展は，工場地帯を形成しつつ，第二次世界大戦を経て，戦後の大規模な環境破壊や健康被害につながった．この時期，大阪などの工業都市は，自らを誇らしく「煙の都」などとよび，むしろ社会は「鉱工業隆盛のシンボル」とみなしていた．

経済の高度成長にかかる1950年代から1960年代にかけて，全国的に汚染による大規模な公害が顕在化し，政治的にも大問題になった．工場排水中の有機水銀による中毒性神経系疾患で日本の公害の

[*1] 文献
以下の資料などを参考にした．
①住友金属鉱山㈱『別子300年の歩み－明治以降を中心として』（1991）
②大本正次『四阪島－公害とその克服の人間記録』（講談社，1971）

原点といわれる「水俣病」や「第二水俣病（新潟水俣病）」といった**公害病**（Industrial Pollution Diseases）が発生し，原因究明に長い年月を要した．賠償問題は今も続いている．三重県・四日市市の石油化学コンビナートで大気汚染による呼吸器障害が多発した「**四日市ぜん息**」，富山県・神通川流域のカドミウム汚染による「**イタイイタイ病**」と合わせて，**四大公害病**とよばれる（10.1.6節で詳述）．

河川や閉鎖水域での広域の水圏汚染も大きな問題になる．万葉以来の景勝・田子の浦がある富士市では，明治期以降に製紙工場が集中し，1969年ごろから，河口や湾内に製紙廃水からの大量のヘドロが堆積していることが明らかになり，**ヘドロ公害**として広く知れわたった．公害訴訟が起き，浄化に莫大な資源が費やされた．

瀬戸内海や琵琶湖などの閉鎖水域では，生活下水や工場排水からのリンやチッソ成分による**富栄養化**が**赤潮**を起こし，漁業問題や水

表10-1　日本の環境公害の歴史概要

1878～1964	栃木県足尾鉱山　鉱毒問題
1905～1935	住友別子銅山　煙害問題
1908	鈴木製薬所，味の素製造　廃水問題
1918	岐阜県荒田川　汚染問題
1922～1968	富山県神通川流域　イタイイタイ病発生
～1968	日本窒素（株）によるメチル水銀中毒　水俣病
～1968	新潟県阿賀野川　有機水銀中毒
～1972	四日市石油化学コンビナート　四日市ぜん息
1940～1970年代	DDTによる土壌汚染
1930～1970年代	PCB問題　自然界に40万トン放出，半量が海中に
1967	「公害対策基本法」成立　7公害を規定
1970	「公害国会」14法案成立
1971	「環境庁」発足
1972	アスベスト問題　国際労働機関（ILO）等が発がん性指摘
1973	環境庁　各種環境基準設定
	通産省　公害排水物質の製造，使用中止の通達
1973	厚生省　公害健康被害補償法制定
1974	「国立公害研究所」設立
1975	民間企業　公害関連投資活発化（排煙脱硫装置設置226基等）
	自動車用レギュラーガソリン無鉛化開始
1980	ロンドン条約発効　廃棄物の海洋投棄汚染防止
1991	国内「リサイクル法」制定　循環型社会への移行の始まり
1993	「環境基本法」成立
1995	アスベスト（青，黄）使用禁止
2001	「環境省」発足

道水の異臭など大規模な影響を与えた．しかし時限立法を恒久化した「瀬戸内法（瀬戸内海環境保全特別措置法）」(1973年) による規制強化により白砂青松の瀬戸の海を取り戻している．

後述のように，公害対策関連法の整備と規制の強化や，易分解性・非リン酸塩合成洗剤などの多くの製品・技術の開発により，噴出した公害問題はしだいに沈静化されてきた．高度成長による工業立国の弊害や大量廃棄の課題を克服し，環境先進国に変貌するまでに約50年の長い歳月を要した（**表10-1**）．

10.1.6　四大公害病

❶ 水俣病

水俣病は，1930年代に新日本窒素肥料（現 チッソ）が熊本県水俣市で始めた「アセトアルデヒドの製造法」が原因である．1956年，新日本窒素肥料水俣工場附属病院長・細川一が「類例のない4患者の発生」を保健所に報告し，水俣病の発見となった．

メチル水銀に汚染された魚介類の摂取による中毒は，手足のしびれ，歩行・運動・言語障害などに始まり，神経障害や四肢麻痺が起き，最終的には意識が混濁し死にいたる．1959年，厚生省の調査会が，「水俣病の主原因は，水俣湾周辺の魚介類に含まれる有機水銀化合物」と答申した．このころから脳性小児マヒ症状の患者が多発し，1968年，政府が水俣病と工場排水の因果関係を認める公式見解を発表した．1976年，熊本地検が水俣工場長らを起訴．一審，二審を経て1988年最高裁で有罪確定．平行して，一連の民事訴訟，行政訴訟も行われた．水俣病の被害者は1万人を超えた．

企業と行政による救済措置が続けられているが，今なお多くの患者が苦しんでいる．比較的早い時期に原因が突きとめられたが，そのころまでにすでにおおぜいの住民がメチル水銀を摂取してしまった．それまでまったく知られていなかった症例であり，企業や行政の対応が遅れた．水俣病は公害病の原点とされ，「Minamata」は世界中に知れ渡った[*2]．

❷ 第二水俣病（新潟水俣病）

有機水銀中毒により，「新潟水俣病」ともよばれる．1965年に新潟県阿賀野川下流域で複数の患者が確認された．昭和電工鹿瀬工場でのアセトアルデヒドの製造が原因．厚生省は1967年，新潟水俣

[*2] 事例
海外での類例としては，1970年代前後に中国の松花江流域で，メチル水銀および無機水銀による土壌汚染が明らかになった．吉林省吉林市にある化学工場の工場排水が原因とされている．

病は，昭和電工鹿瀬工場から排出されたメチル水銀が原因であると発表した．その後1999年までに，690人の患者が認定されている．患者が昭和電工に慰謝料を求めて新潟地裁に提訴（第一次訴訟）．その後も訴訟が続いたが，最終的には政府主導により和解した．

❸ **イタイイタイ病**

富山県神通川流域で発生した慢性**カドミウム中毒**による骨疾患である．1905年，上流にある岐阜県神岡鉱山で三井金属鉱業が亜鉛採掘を開始したが，亜鉛鉱石にふくまれるカドミウム（亜鉛の1/5量）は当初は価値が低く，ほとんど廃棄されていた（カドミウムの価値が上がって，回収されるようになったのは1950年以降）．その後，1920年代に流域でイタイイタイ病の発症が認められた．患者が泣き叫んだ症状から，「イタイイタイ病」と名づけられた．汚染された農作物や飲料水を長期間摂取したことが原因であった．

第二次世界大戦後から1957年ごろをピークに発症者が増加．1960年，荻野昇医師らが，カドミウムがイタイイタイ病の発症に関連すると発表した．1966年，厚生省が因果関係を認める公式見解．1968年，一部住民が慰謝料を求めて富山地裁に提訴し1971年勝訴．名古屋高裁でも原告勝訴により被告側上告断念．第二次訴訟以降の分もふくめ，500人を超す対象者に和解金が支払われた．

❹ **四日市ぜん息**

1950年ごろから，四日市では石油化学コンビナートが形成され始めた．1959年ごろには，工場群から排出された**SO$_x$**（硫黄酸化物，p.81参照）による，ぜん息症状の患者が多発．1964年には初めて死者が発生した．当時の四日市の人口の3％がぜん息患者といわれた．1967年，一部の患者が損害賠償を求めて津地裁に提訴．相手はコンビナートに工場をもつ化学，石油，電力関係6社であった．被告側は，各工場の排煙は1962年の「ばい煙規制法」の規制値を守っており，違法性はないと反論したが，1972年原告が勝訴した．

判決は，各企業が法的な規制を守っていても，結果として「被害者を出せば過失責任がおよぶ」とした．企業と政府に反省を求めたものとして注目された．被告側は，経済団体や政府の説得により控訴を断念．賠償金支払に応じた．認定患者は1000人を超えた．

10.2 環境対策の動向と規制

大戦後の復興期30年ほどは，地下埋蔵資源を源流にした国内産業の発展モデルが最優先され，環境に対する配慮は乏しかった．

その後，未曾有の高度経済成長期に入るとともに，環境問題が予想できないほどに拡大した．住民運動が高まり，経済成長と環境の両立についての社会的な論議が高まり*3，地域環境の秩序の確立のための本格的な法規制がはじまった．

10.2.1 環境の保全と立法化の動き

1967年には環境保全のための「**公害対策基本法**」が制定されている．1970年，公害国会とよばれる臨時国会で，法的対策が進み一挙に14本の法律が成立した．さらに1971年には**環境庁**が発足した（環境庁は2001年の中央省庁の組織再編により，厚生省の廃棄物処理行政も移管されて**環境省**へ昇格した）．

自動車の急速な普及は各地で光化学スモッグを生んだが，リーンバーンエンジンの先駆的な排ガス技術など，技術者の挑戦が実を結んだ．また，「**大気汚染防止法（大防法）**」（1968年）による自動車排ガスの規制強化や工場排ガスのさらなる規制，「**水質汚濁防止法**」（1970年）の強化とCOD総量規制，リン・窒素の規制などの水質規制も実効をあげ，大気および水環境汚染は大幅に改善された．

10.2.2 国内の環境関連法など

1993年には，複雑化し，かつ地球全体に広がる環境問題に対処するため，「公害対策基本法」が廃止され，「自然環境保全法」の改正を含めて，日本の環境政策の根幹を定める「**環境基本法**」が制定された．この環境基本法の基本理念にもとづき，下位法としてリサイクル社会実現の「**循環型社会形成推進基本法**」（2000年，p.118参照）や「**生物多様性基本法**」（2008年）が整備された（**表10-2**）．法規の制定年度などは，巻末の年表を参照されたい．

---

*3 補説
四大公害病に関する訴訟も各地で行われるようになった．公害病患者，特に自主交渉する患者は地域の中で孤立しがちであるが，事例に挙げた水俣病，イタイイタイ病をはじめ，ほとんどの大規模公害では原告である被害者側が勝訴している．

表 10-2　環境保全や廃棄にかかわる法令など

区分	法律など
廃水	下水道法，水質汚濁防止法（水濁法），瀬戸内法
排ガス	大気汚染防止法（大防法），悪臭防止法
廃棄物	廃棄物処理法，産廃特措法，PCB 特措法，ダイオキシン類特措法，海洋汚染及び海上災害の防止に関する法律
土壌	土壌汚染対策法，農薬取締法
資源利用リサイクル	循環型社会基本法，資源有効利用促進法，リサイクル法（容器包装，家電，建設，食品，自動車）
化学物質など	化学物質の審査及び製造等の規制に関する法律（化審法），化学物質排出把握管理促進法（PRTR 法）

10.3　環境問題の国際的な動き

　21 世紀は「**環境の世紀**」とよばれるようになった．これを 21 世紀の課題とよびかえてもよい．近年，途上国の急激な工業化の進展により，人間活動がもたらす環境負荷が，大自然の包容力を超えるようになった，地球環境保全と人類全体の持続的発展の限界という難問が突きつけられている．

　地球温暖化問題や，原発による広範な放射能汚染事故などは，まさに究極的な地球環境汚染の問題である．国際的共存をめざした京都議定書の発効など温暖化緩和へのシナリオづくりも行われた．

　2009 年，オバマ大統領は，核なき世界に向けた国際社会への働きかけを評価されノーベル平和賞を受賞した．有名となったプラハでの演説で「アメリカは核兵器を使用した唯一の核保有国として，行動を起こす道義的責任を有する」と広島・長崎への原爆投下に対するアメリカの責任に言及した．核の平和利用を念頭に入れながら，米ロ首脳による核拡散防止や核廃絶の活発な動きも続けられている．

　さらに，20 世紀が置き去りにした南北問題や人口問題も課題として残されている．21 世紀を担う研究者や技術者には，国境を越えた限りない挑戦が待ち受けている．ここでは，海外の動向や，国際的な環境対策の枠組みや活動を振り返る．

10.3.1 海外の環境汚染対策の始まり

日本より先に海外では，1945年ごろから大気汚染の問題が注目されるようになった．自動車交通が極度に発達したアメリカ・ロサンゼルスでは，このころから光化学スモッグの被害が出始め，1970年「大気浄化法」（マスキー法）の制定につながった．

イギリス・ロンドンでは，1952年12月に石炭排煙からの硫酸ミストを含むスモッグで，実に1万人以上の犠牲者が出た．このことから，世界に先駆けて都市公害対策法として燃料使用規制〔大気浄化法（Clean Air Act），ロンドン市法（1954年）〕などが制定された．

この後を追って，経済の高度成長に入る日本の大気汚染が本格化することになった．

10.3.2 化学物質による環境汚染

レイチェル・カーソン（p.52参照）が警告した静かな環境変化に加え，明確な化学物質などの汚染事故や事件も絶えない．

1984年深夜，インド・ボパール市で，米国資本のUC社ボパール農薬工場から発生した猛毒のMIC（イソシアン酸メチル）ガスが街を襲い，1万6000人もの死亡者を出した．UC社は工場を放棄し，工場跡地には現在も4000トンにおよぶ未処理の化学物質が放置されたままである．この被害は今日でも続いている．

また，世界的な土壌汚染の先がけといわれる恣意的で大規模な化学物質の廃棄による土壌汚染がアメリカ・ラブキャナルで起こった[*4]．連邦議会はこの事件を契機に，土壌汚染対策法の世界的なモデルとなる「**スーパーファンド法（包括的環境対策補償責任法）**」（1980年）など，二つの法律を整備した．

「スーパーファンド法」は汚染責任者の特定までの間，浄化費用を石油税などの信託基金（スーパーファンド）から支出する制度に由来する．汚染浄化の費用負担を有害物質に関与したすべての潜在的責任当事者（Potential Responsible Parties）が負うという責任範囲の広さに特徴がある．

日本では，包括的な法律として，2002年に「**土壌汚染対策法**」が定められた．

[*4] 事例

◆ラブキャナル土壌汚染事件
ニューヨーク州ナイアガラフォールズ近郊にあったラブキャナル（Love Canal）という運河は車社会の発達で使われなくなっていた．1970年ごろに周辺の住民に流産や先天的異常が多発した．検証すると次のような事実が判明した．
農薬などを製造していたフッカー社の工場が，1947年ごろから10年にわたり，化学薬品をふくむ廃棄物をその運河周辺に埋めた．廃棄物は2万t以上にのぼったが，当時の法律には違反していなかった．その後，運河は埋め立てられ，市がその土地を買い上げて学校や住宅などの公共施設をつくった．1976年ごろになり，住民が州およびEPA（連邦環境保護庁）に調査を請求したところ，流産が1000人あたり350人の高率に達していたことがわかり，高濃度のダイオキシンをはじめ，BHC，PCBなど82種の化学物質が土壌，大気，水系から検出された．小学校は一時閉鎖，住民の一部は強制疎開，一帯は立入禁止となり，国家緊急災害区域に指定された．その後も非移住者には先天性異常や肝臓障害，がんなどが多発した．
住民の多くに染色体異常が認められ，多くの異常妊娠などが発生していた．1980年，当時の大統領カーターは，新たに710家族，2500人に移住勧告を出した．疫学調査や評価をめぐって科学者の間で議論をよんだこの事件は，アメリカ中が化学物質の汚染に大きな関心を示す契機となった．

10.3.3 地球環境に対応する国際的な流れ

1959年には，ヨーロッパ大陸での酸性雨，オイルタンカーによる海洋汚染，そしてサハラの砂漠化の拡大なども問題になった．各国固有の課題が地球規模の環境問題に拡大し，1969年には，国連でも環境問題が幅広く議論され始めた（**表 10-3**）．

紫外線を保護するオゾン層の保護のための「**ウィーン条約**」（1985年）が採択され，オゾン層破壊物質を規制する「**モントリオール議定書**」（1987年）が採択された（p.99 参照）．この背景には，原因を解明したノーベル賞受賞者ローランドや，その後に代替フロンとい

＊5	補説

◆水銀に関する水俣条約
水銀の一次採掘から貿易，水銀添加製品や製造工程での水銀利用，大気への排出や水・土壌への放出，水銀廃棄物に至るまで，水銀が人の健康や環境に与えるリスクを低減するための包括的な規制を定めた条約．2013年10月に熊本県で開催された外交会議で採択・署名され，2017年8月に発効した．

表10-3 環境対策の国際動向

年	事項
～1950	「酸性雨」北欧等での環境異変
1972	「国連環境計画（UNEP）」，国連人間環境会議（ストックホルム）で採択
	・「人間環境宣言」および「環境国際行動計画」 　　（オゾン層保護，気候変動，有害廃棄物，海洋保護，水質，土壌劣化，森林保護）
1973	「ワシントン条約（CITES）」絶滅野生動植物の国際取引条約採択
1976	「セベソ事件」農薬工場爆発（ダイオキシン汚染）
	・汚染土壌の不法越境，「バーゼル条約」への契機
1978	「ラブキャナル事件」（アメリカ）
	・有害化学物質廃棄・土壌汚染，スーパーファンド法の契機
1978	「フロン入りスプレー」製造中止（アメリカ）
1979	「原子力発電所」スリーマイル島事故（アメリカ）
1980	「ロンドン条約」廃棄物の海洋投棄汚染防止
1982	「ハイテク汚染」シリコンバレー（トリクロロエチレンなどの汚染）
1985	「ウイーン条約」オゾン層保護（フロンの生産削減）
1986	「原子力発電所」チエノブイリ事故（ソ連）
1987	「モントリオール議定書」採択（オゾン層破壊物質削減）
1992	「地球サミット」UNCE会議：リオデジャネイロ宣言，アジェンダ21（持続的発展）
1992	「バーゼル法」特定有害物質の輸出入等の規制
1993	「生物多様性条約（CBD）」発効
1995	「オスロ会議」ISO国際規格原案の登場
1997	「気候変動枠組条約（UNFCCC）」締結国際会議（COP3）
	・「京都議定書」温室効果ガス削減に緩和対策の目標値設定
2003	「RoHS指令」家電・電子機器の特定有害物質の使用制限（計6種） 　　・Cd，水銀，鉛，六価Cr，難燃剤（PBB，PBDE）
2003	「WEEE指令」廃家電・電子機器指令　・廃家電・電子機器の再利用，リサイクル
2010	「生物多様性条約国会議 COP10」
	・生態系保全の協議（名古屋ターゲット／名古屋議定書）
2015	「持続可能な開発のための2030アジェンダ」国連総会にて採択
2015	「パリ協定　COP21」温室効果ガスの長期的な削減目標の設定
2017	「水銀に関する水俣条約」発効[*5]

う新材料を開発した化学技術者らの支えがあった．

8章では，廃棄物の越境による「セベソ事件」（1992年，p.120参照）に起因する有害廃棄物の移動を規制する「バーゼル条約*6」を示したが，「ストックホルム条約」（2001年）では，その性能特性が評価され重用されたPCB，DDTなどが，環境中での残留毒性が高いため，ダイオキシンなどとともに**残留性有機汚染物質**（POPs：Persistent Organic Pollutants）とされ，削減や廃絶が実施されている．

新たな時代を創るには，その負を支える文明から目をそむけてはならない．経済協力開発機構（OECD）が提唱した**拡大生産者責任**（EPR：Extended Producer Responsibility）の概念がある．これは生産者が製品の生産・使用段階だけでなく，廃棄・リサイクル段階までの責任と費用を負担する考え方である．生産者の経済的責任は，製品ライフサイクルの使用後まで拡大され，最終的には汚染対策にまでおよぶことになる．

環境政策上の手法として，日本の「循環型社会形成推進基本法」（p.118参照）にもこの考え方が取り入れられている．

10.4 社会意識の変革

本章では，人類の活動による廃棄や汚染という環境破壊に対して，秩序や規律を求める国内外の歴史と動向を取り上げ描写した．ただし，法律や規制は，社会的な事故や病害に対する痛みを和らげようとする受け身の対応であるため，人間の知恵や共生を先取りする予測や予防に対する能動的な行動はともなわない．

多様な人間社会において，国や地域の公害防止や環境保全は，立法や規制のみでは達成できない．その実践と歯止めのしくみが必要である．

近年，企業経営においても国際規格による**環境マネジメントシステム**「**ISO14000**」*7（EMS：Environmental Management Systems，略称は「環境ISO」）の適用と拡大が見られる．この規格は，1992年に開催された国連環境開発会議（リオ地球サミット）を契機として，持続可能な開発を実現するためにISOで検討が始められ，1996年に国際規格として定められた．

[*6 補説]

◆バーゼル条約（Basel Convention）

廃棄物の国境移動などについて国際的な枠組みや手続などを規定した．2010年現在の締約国数は174ヵ国，1機関（EC）．特定有害廃棄物などを輸出するには輸入国の書面による同意が必要なこと，不法取引を処罰する措置をとること，非締約国との廃棄物の輸出入を原則禁止することなどを定める．平成22年度の日本の該当輸出入量は，主に電池用鉛や電子部品の金属回収の約27万tである．

[*7 補説]

◆ISO14000

この規格の目的は，社会・経済的なニーズとのバランスをとりながら，環境の保全と汚染の予防をはかるシステムを提供することにある．具体的には，組織が自主的にISO 14001にもとづく環境管理システムを構築・実行し，第三者機関の審査を受けて認証取得する．環境への配慮に自主的・積極的に取り組んでいることを示す有効な手段となり，社会や市場からの評価が高まることも期待される．わが国におけるISO 14001への取り組みは，企業を中心に行政を含めて，あらゆる組織体で急速に高まってきた．国内認証取得件数も2012年3月末で約2万件であり，世界でトップである．世界では約12万組織が適合認証され，中国の認証取得が激増している．基本規格ISO 14001のほか，環境関連の規格として，製品を対象としたISO 14020，14040などがある．総称して14000シリーズ（ファミリー）という．

また，社会と市民との双方向による**環境コミュニケーション**が促進され，その情報が重要な企業価値として位置づけられる時代となった．政府や自治体のみならず，企業経営の説明責任として各企業の**環境白書**が発行されるようになった．環境白書は**企業の社会的責任**（CSR：Corporate Social Responsibility, p. 157 参照）を評価する際の基準にも利用され，社会的責任投資（SRI：Socially Responsible Investment），さらに求人や企業業績の評価にも密接に関連している＊8．

宗教・文化の違いや経済力の大きな格差がある世界で，地球環境を保全するための国際条約，具体的な議定書などに沿って実行することは生易しいものではない．あくなき生産・消費に対して地球環境の許容力が悲鳴をあげている今日，地球の有限性を視野に，環境倫理の視点で社会や文明の発展モデルの質的転換をリードしなければならない．とりわけ，科学や技術にかかわって生きる者の役割は大きい．今まさに人間にとって真の豊穣とは何かが問われている．

> **考えよう・話し合おう**
> - 公害を生み出した技術の開発や製造にかかわった科学者・技術者はどんな対応をすべきか，考えてみよう．
> - 環境汚染を未然に防ぐための規制やしくみをつくるにはどんな意識や倫理観が必要か考えてみよう．

＊8 事例
政府などに融資を行う国際機関である世界銀行グループは，地下資源の利用から各産業における活動にもEHS ガイドライン（環境，健康及び安全ガイドライン：Environment, Health, And Safety Management の指針構築）を設定している．

＊9 補説
◆ PM2.5
従来から環境基準を定めて対策を進めてきた SPM（浮遊粒子状物質：10 μm 以下の粒子）よりも小さな PM2.5（2.5μm 以下の粒子）は粒子が非常に小さいため，肺の奥深くまで入りやすく，呼吸器系だけでなく，循環器系への影響が心配されている．粒子状物質には，物の燃焼などによって直接排出されるものと，硫黄酸化物，窒素酸化物，揮発性有機化合物等のガス状大気汚染物質が環境大気中での化学反応により粒子化したものがある．発生源としては，ボイラー，焼却炉などのばい煙を発生する施設，コークス炉，鉱物の堆積場等の粉じんを発生する施設，自動車，船舶，航空機などの人為起源のもの．さらには，土壌，海洋，火山等の自然起源のものもある．

Technological Column No. 10

化学物質による大気汚染

■ 各種燃焼プロセスから出る大気汚染化学物質

わが国における化学物質による大気汚染の歴史は愛媛県の別子銅山に始まるといえる（p.141参照）. 銅の製錬は, 硫化鉱を焼き, 硫黄分が亜硫酸ガスとなって排出するため, 製錬工場近くの農作物に被害が出て問題となった（1880年代）.

その後, 1960年代に, 日本の産業が急成長をした時期に, 亜硫酸ガスの大気汚染が原因で死者が出るという事件が起きた. 1950年代から三重県四日市に石油コンビナートが形成され, 1960年ごろには年間に10万トンを越える亜硫酸ガスが工場の煙の中に含まれて大気中に排出された. その結果, 大気が汚染され1964年には市民の3％がぜん息にかかり, 死者も発生するに至り, 問題となった.

1970年代に, 技術者の努力により排煙脱硫システムが開発され, 工場から出る煙の中の亜硫酸ガスのほとんどは除去されるようになった. しかし, 燃料を燃やす過程で生成し, 煙に含まれる窒素酸化物, 炭素酸化物（一酸化炭素, 二酸化炭素）, 微小粒子物質などは除去されずに, 現在も大気中に排出されている.

車のエンジンからの排出されるガスには, 上記のすべての化学物質に加えて, 炭化水素化合物が含まれ, 大気中で紫外線等により化学変化を起こし, 光化学スモッグなどが発生する原因になっている[*9].

■ フロンによるオゾン層破壊について

クロロフルオロカーボン（フロン）は1930年代に開発され, エアゾル製品の噴射剤として使われた. 製造されたフロンの90％が数ヵ月から数年以内に大気中に放出されるが, 人畜に安全で安定な夢のガスと信じられていた.

1970年代初め J.E. ラブロック（英）が大西洋上でフロンを検出. これを知った F.S. ローランドと M.J. モリーナ（米）は, このままフロンの使用が続けば, 毎年100万トンのフロンが大気中に放出され, その結果地球の全オゾン量が数十年後に7〜13％減少すると予測した（1974年）.

オゾン層の減少は, 生物へ深刻な影響を与えることが考えられる. これを契機に国際的にフロンの使用規制が検討され, 1985年にウイーン条約（オゾン層保護）, 1987年にモントリオール議定書（オゾン層破壊物質の削減）の採択が行われた. それを受けてわが国では, 1988年に国内法として「オゾン層保護法」を制定した.

南極上空に発生したオゾンホールの面積は, 1993年以降2009年までの測定では2500万平方キロ前後で推移している.

■ 大気汚染を防ぐために

大気汚染抑制のため, 政府は1969年から1973年にかけ, 硫黄酸化物, 一酸化炭素, 浮遊粒子状物質, 二酸化硫黄（基準改定）, 光化学オキシダント, 二酸化窒素の環境基準値をつくり, 1973年に大気汚染防止法を制定した.

また, 大気汚染化学物質の規制に役立てるため, わが国では, 大気汚染物質広域監視システムなどにより「有害大気汚染物質」,「揮発性有機化合物」の環境濃度の継続的モニタリングを行っている. フロンの測定も含まれている.

大気汚染を防ぐ確実な一歩は, 汚染（関連）化学物質を製造, 使用, 研究する科学者・技術者が, その化学物質と大気汚染との関係を把握し, 身近な所から大気汚染を起こさないよう努めることである.

Ⅲ部 科学技術の進展と環境倫理

11章 企業活動と環境

　企業活動と環境とのかかわりは旧くて新しい問題である．かつての公害を経験し，いまでは，企業の自然環境への取り組みや環境への貢献度は大きく変わってきている．本章では，企業活動と環境とのかかわりを見ていく．

11.1 企業活動と環境とのかかわりの推移

　18世紀後半にイギリスから始まった**産業革命**は，時間をかけつつ先進各国に拡大していった．その過程で，産業発展のために地球資源の利用が拡大した．20世紀半ばまでは，産業化によるメリットはデメリットに比べて大きかった．科学技術の実用化による産業活動は，人間社会に豊かな生活をもたらす優れものを自然界から取り出してくれるものだと考えられていた．当時はまだ資源が有限であるという意識はなかった．

　高度経済成長を経て，20世紀後半からは，大量生産，大量消費，大量廃棄が基本となった．自然環境からの資源の収奪は，量，速度ともに飛躍的に増大した．同時に，大量の人工物が私たちの周りにあふれ，深刻な環境汚染をもたらした．

　詳しい歴史は10章を見てほしいが，化学製品は，その数も量も急速に増え続け，さまざまな環境汚染や健康被害につながった．**図11-1**は化学物質に着目した事故・事件とその対策の歴史である．1956年に水俣病が初めて公式確認されてから，1960年代は各地で**産業公害**が顕在化し，環境汚染源として企業の責任やあり方が問われるようになった．1970年代の公害対策の進展を経て，1980年代に入ると，半導体をはじめハイテク産業の隆盛にともない，地下水

企業活動と環境 ◆ 11

| 産業公害の深刻化 | 公害対策の進展 | 都市・生活型公害 | 地球環境, 有害物質 |

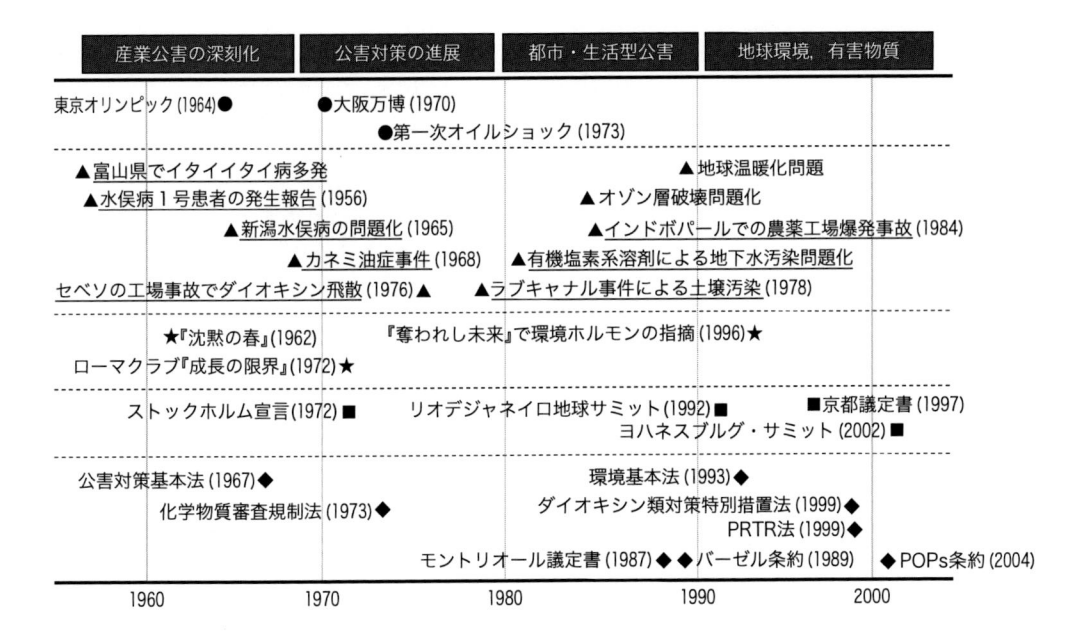

東京オリンピック(1964)● 　●大阪万博(1970)
　　　　　　　　　　　●第一次オイルショック(1973)

▲富山県でイタイイタイ病多発　　　　　　　▲地球温暖化問題
▲水俣病1号患者の発生報告(1956)　　　　　▲オゾン層破壊問題化
　　　▲新潟水俣病の問題化(1965)　　　　　▲インドボパールでの農薬工場爆発事故(1984)
　　　　　　▲カネミ油症事件(1968)　　▲有機塩素系溶剤による地下水汚染問題化
セベソの工場事故でダイオキシン飛散(1976)▲　　▲ラブキャナル事件による土壌汚染(1978)

　　　★『沈黙の春』(1962)　　　『奪われし未来』で環境ホルモンの指摘(1996)★
ローマクラブ『成長の限界』(1972)★

ストックホルム宣言(1972)■　　リオデジャネイロ地球サミット(1992)■　　■京都議定書(1997)
　　　　　　　　　　　　　　　　　　　ヨハネスブルグ・サミット(2002)■

公害対策基本法(1967)◆　　　　　　　　　環境基本法(1993)◆
　　　化学物質審査規制法(1973)◆　　　　ダイオキシン類対策特別措置法(1999)◆
　　　　　　　　　　　　　　　　　　　　PRTR法(1999)◆
　　　　　　　　　　モントリオール議定書(1987)◆ ◆バーゼル条約(1989)　◆POPs条約(2004)

1960　　　1970　　　1980　　　1990　　　2000

図 11-1 化学物質による事故・事件と対策の歴史
●印などはできごとのあった年を表す. 下線を引いたものは企業が原因の環境破壊.

汚染や土壌汚染といった**都市・生活型公害**が問題となった. また, 洗浄剤や冷媒として多用されたフロン系化合物によるオゾン層破壊も生じた. 1990年代に入ると, 地球温暖化が問題となり, 気候変動枠組み条約, 京都議定書につながる. 同時に, **環境ホルモン**に代表されるある種の物質が, 極微量であっても生体に変調をきたす場合があるとの指摘もなされた.

こうした状況のなか, 2002年の**ヨハネスブルグ・サミット**で, 2020年に向けて国際的に化学物質の適正管理を行うことが提唱され, 化学物質の安全性確保に企業の協力がより強く求められるようになった (p.63参照).

11.2　企業の社会的責任

11.2.1　企業のステークホルダー

会社は誰のものかと問われれば, 商法上は出資者たる株主が会社の所有者である. しかし, 会社は**図 11-2**に見られるようにさまざ

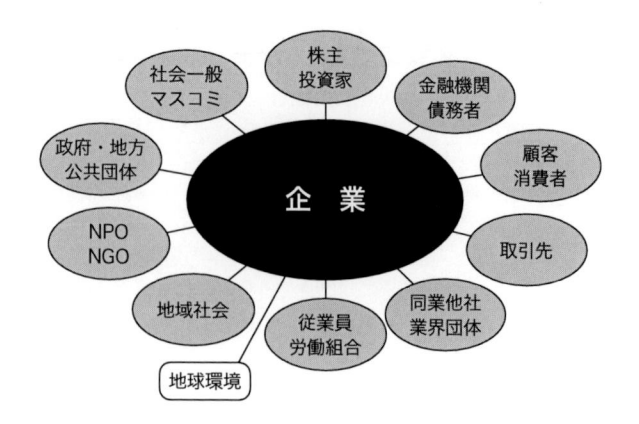

図11-2 企業を取り巻くステークホルダー

まなステークホルダー（利害関係者）との関係の上に成り立っており，会社経営とは，ある意味では，これらステークホルダー間の利害の調整を最適化することともいえる．

近年，企業と企業を取り巻くステークホルダーとの関係が変わりつつある．その根底には，急速に進展した経済のグローバル化，社会組織の変化（NGO，NPOの台頭など），市民意識の変化などがある．

ステークホルダーも多種多様であり，企業にとって都合のいいステークホルダーだけではない．**非営利団体（NPO）や非政府組織（NGO）**についても，地球環境問題，資源問題，労働条件などに関する提言や行動は，企業の事業活動にとって無視し得ないインパクトを与えるものとして注目が高まっている．

そして，近年，"地球環境"をステークホルダーの一つとして明確に位置づける企業が増えてきた．地球環境が企業にとってのステークホルダーになり得るかという疑問もあるし，他のステークホルダーとは少し性格を異にもする．しかし，企業活動は，多かれ少なかれ地球環境に依存しており，また，地球環境に何らかの影響をおよぼしている．企業の外部ステークホルダーが環境に対する関心を高めていることもあり，環境に配慮した経営を実践していることが，ステークホルダー全体の支持を獲得するうえで重要なカギを握るようになってきた．これは製造業のみならず，サービス，運輸，金融機関など，あらゆる業種へと広がりを見せている．

11.2.2 企業の社会的責任（CSR）

企業の社会的責任（CSR：Corporate Social Responsibility）に対する関心が高まっている．国や地域あるいは時代により CSR についての考え方は変わり，明確な定義はないが，経営学者の谷本寛治は「CSR とは，企業活動のプロセスに社会的公正性や倫理性，環境や人権への配慮を組み込み，ステークホルダーに対してアカウンタビリティー（説明責任）を果たしていくこと」としている[*1]．「社会的」という言葉のなかには，法的責任，経済的責任，倫理的責任という意味を含んでいる．すなわち，企業が製品やサービスを通して経済的な利益追求を行うだけでなく社会・環境に対しても大きな責任を負っているということである．

CSR がこれからの**企業価値**を測る新たなモノサシとなってきた．これまでの企業を評価する価値基準は，その企業が提供する商品の価格が適正か，品質・サービスはどうかという点と，その企業がどのような経営戦略を取っていて，どの程度の利益をあげているのかといった点であった．ところが近年これらに加え，その企業がどの程度社会的な責任を果たしているかが問われるようになってきた．たとえ，よい製品を供給し，利益を上げていてもその製品が製造される工場で人権や労働条件あるいは環境問題でのリスクを抱えていれば，市場からは評価されず，広く社会からの支持を得ることがで

[*1] 文献
谷本寛治『CSR―企業と社会を考える―』（NTT 出版，2006）

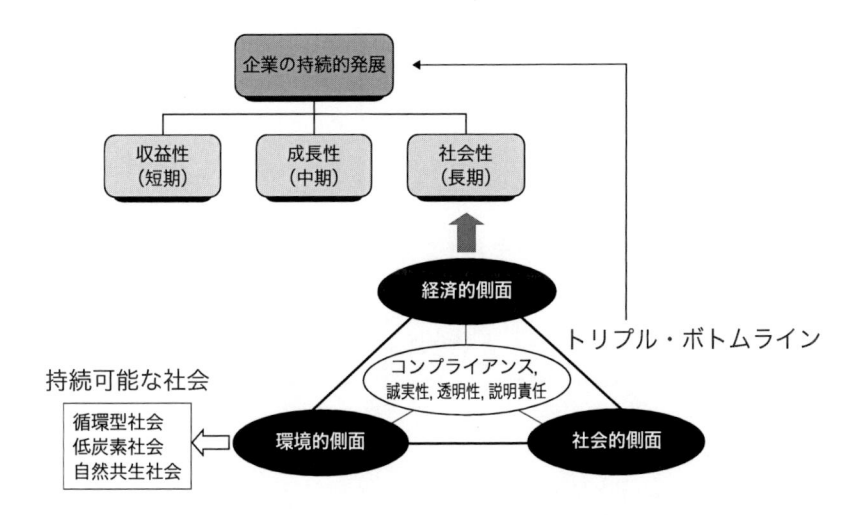

図 11-3　企業の社会的責任（CSR）の構造

きなくなってきた．財務的な価値（**有形資産**）に加え，非財務的な価値（**無形資産**）が新しい企業の価値基準となってきた．

図 11-3 に企業の社会的責任の構造を示している．企業が持続可能な発展を続けるには，収益性や成長性に加え，長期にわたる社会性が問われる．そして，**経済的側面**，**社会的側面**，**環境的側面**の3つの側面がバランスよく取れている「**トリプル・ボトムライン**」が求められる．この3つの底流にあるのは**コンプライアンス（法令遵守）**であり，倫理的な**誠実性（インテグリティー）**，社会に向けての**透明性（ディスクロージャー）**，ステークホルダーに対する**説明責任（アカウンタビリティー）**である．一般に企業の財務状況を表す諸表では，最下段（ボトムライン）に収益の最終結果が示される．CSR はこの収益性に加え，社会面と環境面でのパフォーマンスを加えたトリプル・ボトムラインで将来に向けての企業活動のバランスを高めていこうとするものである．

11.2.3　環境経営

環境対策は企業にとってコストアップ要因であると考えられてきた．しかし，いまや世間は，企業の環境への配慮の程度から企業価値を判断し，投資対象の可否判断を行うようになってきた[*2]．

環境問題が企業の経営，コスト，売り上げに大きな影響を与えるようになり，従来と同じ考えでの経営では企業価値を最大化できなくなっている．事業活動のすべてにわたり環境インパクトを勘案しながら経営を行ういわゆる「**環境経営**[*3]」が注目され始めている．

法令で定められた環境基準を守るための大気汚染，水質汚染，廃棄物対策といった公害対策から，いま多くの企業は，**環境配慮型製品**[*4]・プロセスの開発やサービスにより新たな環境経営に踏み出している．そこからさまざまな先端技術も生まれている．

11.3　企業における環境配慮への具体的取り組み

企業が提供する製品やサービスが環境にどの程度配慮しているかが，今まで以上に問われるようになる．以下にその取り組み例を示す．

[*2] 補説
個人や機関投資家が CSR を考慮して行う投資を社会的責任投資（SRI：Socially Responsible Investment）という．

[*3] 補説
◆環境経営
環境の保全に配慮した企業活動をめざす経営．環境経営をコスト負担ととらえる企業に対し，環境経営をプラス面でとらえて実践する企業は，技術開発を促進し，環境配慮型製品や製造法などへの投資が財務に好影響を与えている．環境経営が，競争力の向上や社会からの信頼向上に貢献しているのである．

[*4] 事例
家電製品，自動車から日用の小さな製品にいたるまで，環境配慮型の製品が主流になっている．たとえば自動車の排ガス浄化装置，燃費向上，ハイブリッド車，電気自動車といった製品開発の底流には，環境配慮・省資源・省エネルギーの環境経営があり，技術開発が鍵を握っている．化学プラントでも，多くの基幹化学製品の製造において，新規触媒開発により危険性や有害性のある化学品を使わなかったり，高温・高圧を避けたりする環境調和型のプロセスが開発されつつある．

11.3.1 レスポンシブル・ケア（RC）活動

　企業が業界として自主的に環境・安全に対する配慮を行う一つの活動例がレスポンシブル・ケア（RC：Responsible Care）活動である．

　RC活動は"責任ある配慮"と訳され，化学物質を扱うそれぞれの企業が，化学物質の開発から製造，物流，使用，最終消費を経て廃棄・リサイクルに至るすべての過程において，自主的に「環境・安全・健康」を確保し，活動の成果を公表し，社会との対話・コミュニケーションを行う活動のことである．1985年にカナダ化学品生産者協議会が化学物質の自主管理などを内容とするレスポンシブル・ケアを提唱したのがはじまりである．わが国では1995年に日本レスポンシブル・ケア協議会が設立された．1992年の国連環境開発会議（UNCED：リオ地球サミット）で採択された「アジェンダ21」（p.63参照）のひとつとして広く世界中に奨励されている．

　RCの活動は，次の六つの柱から構成されている（図11-4）．

①　環境保全　　　　　②　保安防災
③　労働安全衛生　　　④　物流安全
⑤　化学品・製品安全　⑥　社会とのコミュニケーション

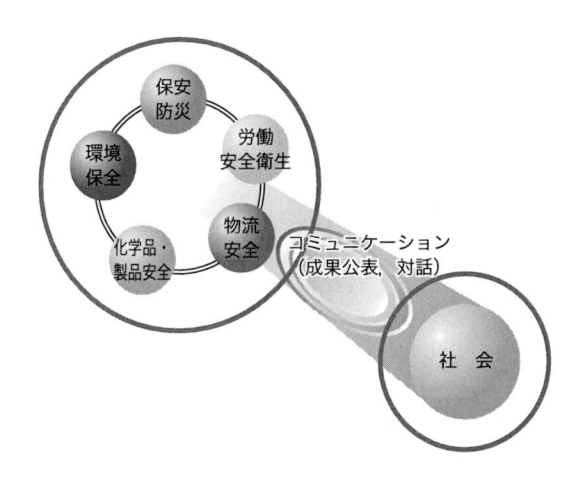

図11-4　レスポンシブル・ケア活動の6つの柱
日本レスポンシブル・ケア協議会HPより．

わが国でも，多くの化学企業が RC 活動に参画しており，個別企業単位で自主的に推進されている．毎年そのパフォーマンスが各社より報告・公開されている*5．

11.3.2 グリーン調達

2001年10月オランダの税関は，日本の電気機器メーカーの家庭用ゲーム機周辺部品の一部からオランダの定める基準値を超えるカドミウムを検出した．それは日本の基準はクリアしていたものの，当該電気機器メーカーは，全ヨーロッパに出荷していたゲーム機約130万台を自主的に回収した．これにより商品の出荷をクリスマス商戦に間に合わすことができず，売り上げで約130億円，営業利益で約60億円の影響があったといわれる．カドミウムの混入した部品は，当該企業が海外の外注先に製造委託していたものであった．

この事件が契機となり，わが国でもサプライチェーン*6全体で，環境配慮への取り組みが強く意識されるようになった．企業などが，製品の原材料・部品や事業活動に必要な資材，サービスなどをサプライヤー（供給側）から調達するとき，規制物質・禁止物質の混入を排除したり環境への負荷が少ないものから優先して調達したりするしくみを「**グリーン調達**」とよんでいる（図11-5）．これによって部材や部品などのサプライヤーに環境負荷の少ない製品を開発するよう促すことにつながり，経済活動全体を環境配慮型に変えていく可能性がある．

|*5|補説|
レスポンシブル・ケア活動を行う企業は，それぞれのレスポンシブル・ケア方針とその推進，取り組み状況などを各社ホームページに詳しく掲載している．多くは，各社ホームページを「HOME → CSR →レスポンシブル・ケア活動」のようにたどれば，最新の情報を見ることができる．

|*6|補説|
◆サプライチェーン
製品・サービス提供のために行われる，原材料の調達から生産・販売・物流を経て最終消費者に至るビジネス諸活動の一連の流れのこと．業種によって詳細は異なるが，製造業であれば，設計開発，資材調達，生産，物流，販売などの機能を担う事業者が実施する供給・提供活動の連鎖構造をいう．サプライチェーンの全体最適を図る活動ないし手法を「サプライチェーン・マネジメント」という．

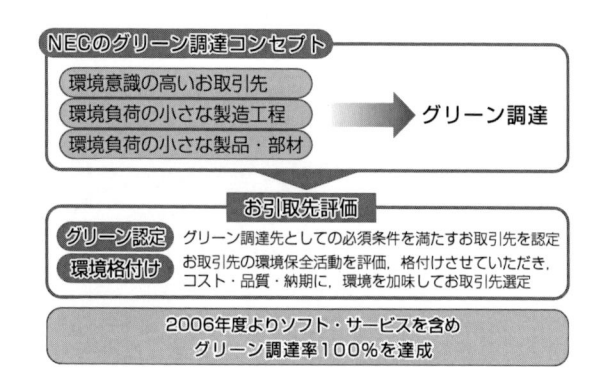

図 11-5　企業におけるグリーン調達の例（NEC）
NECホームページより（Copyright ©NEC Corporation 1994-2012. All rights reserved.）

民間企業はそれぞれに独自の**グリーン調達基準**を設けており，地球環境保全と持続可能社会の実現をめざして研究開発段階から，環境への配慮を徹底している．

11.3.3 **LCA（ライフサイクルアセスメント）**

LCA（ライフサイクルアセスメント）とは，製品，プロセス，サービスなどの全ライフサイクル（原料の採取から製造，消費，廃棄，リサイクルに至る全過程）にわたる**環境負荷**およびそれらによる地球生態系への**環境影響**を定量的に算出し，客観的に評価する手法である．製造プロセスで使用する設備類を製造するときの環境負荷も考慮される．

図 11-6 は製品のライフサイクルのスキームを示したものである．四角く囲まれた領域を設定し，その領域における環境負荷となる物質やエネルギーの出入りを定量計算する．

LCA の手順は，まず目的と調査範囲の設定から始める．LCA の対象ならびにエネルギー消費，資源消費やあるいは特定の環境影響などの評価対象を決める．続いて，ライフサイクルインベントリー分析として，対象とする製品，プロセスに投入される資源，エネルギー（Input）と，排出される製品，排出物（Output）のデータを収集し，表にまとめる．これをもとに，環境影響の評価（インパクト分析）が行われ，結果の解釈（総合的判断），適用（対策の立案など）

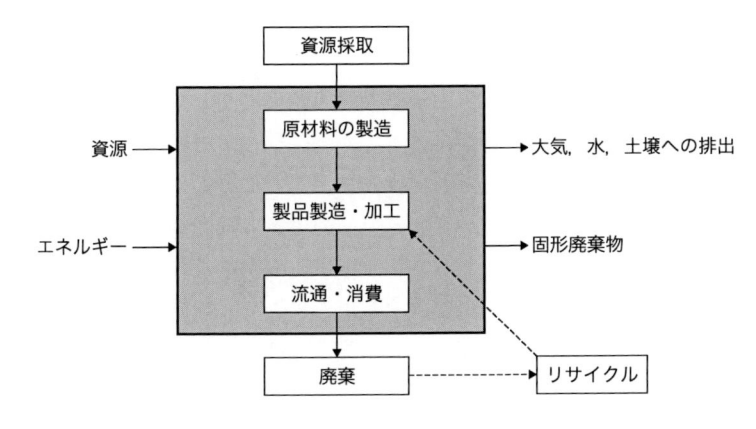

図 11-6 LCA（ライフサイクルアセスメント）
御園生誠『化学環境学』（裳華房，2007）より．

へとつなげる．

　実際に個別の製品に着目したときには，そこに適用する部品や資源，エネルギー，さらにはそれらの環境影響は複雑かつ多岐にわたり，解析は容易ではない．少なくとも，使用したデータの出所や信頼性を明確にしておくことがたいせつである．

　身近な例を挙げてみよう．家庭用電気冷蔵庫やエアコンについてエネルギー消費の面からLCAを行うと，製造時と廃棄時の消費は全体の10％にも満たず，90％以上は使用段階で消費される．エネルギー面から環境配慮を考えるとき，使用時の電力消費量の引き下げがポイントとなることがわかる．

　LCAでは，限界はあるものの，製品やプロセス，サービスのもたらす環境影響を判断するときの客観的な情報が得られる．したがって，用途や性質の似かよったあるいは同じカテゴリーに分類される製品，サービスでの相対環境影響比較には有効である．

11.3.4　フェアトレード

　倫理的な調達手段として，**フェアトレード**（公正な貿易）の考えが1990年代以降，世界的に急速に広がった．もともとは，大手多国籍企業の下請けを途上国において行う際の，劣悪な労働環境や児童労働の問題が発端であった．今では，労働環境，労働条件に加え，生産地の環境保全がフェアトレードの大事な基準となっている．途上国や紛争地域からの農産物や鉱物資源の入手に際し，それらが公正なものであり，かつ社会的・環境的に適正な価格であることが問われる[*7]．

　コーヒー豆，カカオ豆，バナナなどの輸入に関してはフェアトレードの第三者認証機関を設けて審査や認証ラベルの添付などが行われている．しかし，実態としては，まだまだ仲買人や国際的な流通業者が不当な利益を得ていて，途上国の生産者や労働者が搾取されていたり，環境破壊が行われていたりする例が後を絶たない．

　フェアトレードを確実に実践することにより，生産地の社会的・経済的発展をはかり，生産地での生物多様性の保護や環境保全に努めねばならない．そのための社会的・環境的コストは公正で適正な価格として内部化していくことが必要である．

[*7] 補説
フェアトレードによる商品は，審査・認証のうえラベルが添付されて消費者の手に渡るが，その機関やラベルは乱立しており，信憑性を問う声も少なくない．ラベルがなくてもフェアトレードを実践している商品もある．また，フェアトレードは，生産者と取引業者のパートナーシップにもとづくものであり，一方の取り組みだけでは成立しない．同じ地域のコーヒー豆が，出荷量の3割がフェアトレードコーヒーとして，残りは一般ルートで販売されるという例もある．当然，フェアトレード商品にはプレミアム価格が上乗せされ，割高になる．需要も認知度もまだまだ小さいが，大手企業の取り組みも増える傾向にある．日本は，先行しているスイスやドイツに比べその市場がまだ小さい．

11.4 環境に関する企業の行動規範

11.4.1 国連グローバル・コンパクト（GC）

　国連グローバル・コンパクト（GC：Global Compact）は，1999年1月，スイスのダボスで開催された「世界経済フォーラム」の席上，コフィー・アナン国連事務総長（当時）が提唱し，2000年7月に発足した．参加する企業に対し，人権，労働，環境，腐敗防止の四つの分野で国際的に普遍的に合意された10の原則を支持し，遵守，実践することを求めている．これは，国連が初めて企業に対し提唱したものであり，規制の枠組みではなく，企業が市民社会の一員としての役割を果たす自発的イニシアチブである．2011年3月現在，世界の8711団体（うち日本139団体）が加盟している．国連GCの10の原則を以下に示す[8]．

[8] 文献
http://www.ungcjn.org/aboutgc/image/GC_10.pdf（「グローバル・コンパクト・ネットワーク・ジャパン」HP）

人　権
1. 企業は，その影響の及ぶ範囲内で国際的に宣言されている人権の擁護を支持し，尊重する．
2. 人権侵害に加担しない．

労働基準
3. 組合結成の自由と団体交渉の権利を実効あるものにする．
4. あらゆる形態の強制労働を排除する．
5. 児童労働を実効的に廃止する．
6. 雇用と職業に関する差別を撤廃する．

環　境
7. 環境問題の予防的なアプローチを支持する．
8. 環境に関して一層の責任を担うためのイニシアチブを取る．
9. 環境にやさしい技術の開発と普及を促進する．

腐敗防止
10. 強要と賄賂を含むあらゆる形態の腐敗を防止するために取り組む．

このうち，環境に関する7～9の三つの原則は，いずれも1992年のリオ地球サミットで採択された「リオ宣言」および「アジェンダ21」にその思想を見ることができる．なお，原則7の予防的なアプローチについては第12章を参照されたい（p.171）．

原則8は，経済のグローバル化において，民間部門が中心的な役割を果たすことが多くなったことをふまえ，企業に対して，その生産活動や営業活動を行う地域や国において，環境を保護する方向で事業を営むことを求めている．ちなみに，「アジェンダ21」第30章（産業界の役割）では，健康，安全および環境という観点から製品や製造過程について道義的かつ責任ある管理を求めることが記されている．

原則9の「環境にやさしい技術の開発と普及を促進すること」は，企業にとっては長期的な課題である．「アジェンダ21」第34章（環境上適正な技術）では，環境を保護し，汚染が少なく資源をより持続可能な方法で利用するような技術を，個々の技術だけでなく事業活動にともなうあらゆるシステムに適用することを求めている．

11.4.2　経団連の企業行動憲章

日本を代表する経済団体である「日本経済団体連合会（経団連）」は，1991年9月に会員企業の申し合わせとして「企業行動憲章——社会の信頼と共感を得るために」を制定している．2010年9月の改訂版によれば，10ヵ条の5番目に環境に関しての原則がある．それは「環境問題への取り組みは人類共通の課題であり，企業の存在と活動に必須の要件として，主体的に行動する」というものである．具体的には，次のことを求めている．

---

① 地球規模の低炭素社会の構築に取り組むこと
② 循環型社会の形成に取り組むこと
③ 環境リスク対策に取り組むこと
④ 生物多様性の保全と持続可能な利用のための取り組みを推進すること

この企業行動憲章に先立つ1991年4月には「経団連地球環境憲章」が，また，2009年3月には「日本経団連生物多様性宣言[*9]」が

[*9] 補説
◆経団連生物多様性宣言
1．自然の恵みに感謝し，自然循環と事業活動との調和を志す
2．生物多様性の危機に対してグローバルな視点を持ち行動する
3．生物多様性に資する行動に自発的かつ着実に取り組む
4．資源循環型経営を推進する
5．生物多様性に学ぶ産業，暮らし，文化の創造を目指す
6．国内外の関係組織との連携，協力に努める
7．生物多様性を育む社会づくりに向け率先して行動する
私たちは，以上の7原則を尊重し，生物多様性のために一層固い決意で取り組むことをここに宣言する．
（経団連ホームページより）

公表されている．

　これに合わせて，個別の企業ではそれぞれに行動規範・基準が策定されており，その中で法令遵守や不祥事防止，人権，安全などとともに環境への配慮が規定され，環境問題が企業の経営にとってますます重要になってきていることがわかる．

> **考えよう・話し合おう**
> - いろいろな企業の RC 報告書・環境報告書・CSR 報告書を集め，その内容の相違や特色について調べてみよう．
> - 環境経営やフェアトレードを阻害する要因にはどんなものがあるか調べ，どんな対策を取りうるか考えてみよう．

Technological Column No. 11

企業は地球温暖化問題にどのように対応しているのか？

■ グリーンケミストリーの視点

21世紀最初のノーベル化学賞(2001年度)は野依良治博士(有機合成化学)ら3人に授与された．受賞後初めての講演を行った「新化学国際シンポジウム」(横浜市)で野依博士が訴えたのは，「これからの化学は"グリーンケミストリー"*1に向かわなければならない」というメッセージだった．

地球環境の危機が叫ばれる今，科学と技術にかかわる者は，産・官・学の別を問わず，"グリーンケミストリー"の視点を欠くことはできない．

2006年度「地球環境大賞」を受賞した旭化成の環境技術を見てみよう．同社はナイロン66の原料であるアジピン酸製造工程で発生する亜酸化窒素ガス(N_2O，温暖化係数はCO_2の約310倍)を熱分解法で処理する画期的プロセスを開発したことにより，CO_2換算で年間600万トン分の温室効果ガス削減に成功した．京都議定書(7章参照)で国が掲げる温室効果ガス削減6%(基準年1990年比，期間2008〜2012年)に対し，実に0.5%を単独でなしとげた．

■ 化学系企業の取り組み事例

企業の地球温暖化対策への取り組み状況(目標や具体的方策)およびその実績は，各企業が毎年出す環境報告書やCSR報告書から知ることができる．

化学産業は，鉄鋼，機械，食品など他産業と比べて，生産プロセスが極めて多様かつ複雑といわれるが，"温室効果ガス排出削減取り組み"に焦点を合わせ，住友化学の事例を概観する．

同社は「自家消費する化石燃料由来のCO_2排出原単位を2015年までに1990年度比20%改善する」という目標を掲げるが，排出量削減目標は掲げていない．2010年度の実績を見ると，CO_2排出原単位は24.1%改善されたが，CO_2排出量は18.1%増加している．一方，同社は世界銀行が設立した「バイオ炭素基金」への出資やCO_2固定化能力の高いマングローブ大規模植林(タイ)など「排出量削減」に結びつく活動を広く展開している．

他の企業の温室効果ガス(CO_2換算)排出量削減取り組み実績も見てみると，前述の旭化成グループが58%減(2010年)，三菱化学21%減(2009年)，花王18.6%減(2010年)，富士フィルム15.6%増(2009年)，ダイセル37.6%増(2010年)などとなっている．ただし，厳密な比較には対象範囲，前提条件，数値データの算出・集計方法など，さらなる情報開示を要する．

■ 温室効果ガス削減活動の今後

多くの化学系企業は，自主的に定めたCO_2排出原単位改善目標に対し，すでに達成レベルあるいは達成可能レベルにあるといえよう．しかし，6%の排出量削減を達成した企業は極めて限られる．排出量削減6%未達企業は，排出権取引制度(p.102参照)などを活用して，海外企業との排出量取引や技術協力を通じて削減量の積み上げを図っている．しかし，先進国と発展途上国間の利害対立のため，京都議定書後の国際協調の体制が明確に示されていない．

さらには，2011年3月の東京電力福島第一原子力発電所事故が企業の温室効果ガス排出削減活動へ与える影響も注目されている．

*1 「グリーンケミストリー」は，化学製品の生産から廃棄までの全ライフサイクルにおいて，生態系に与える影響を最小限にし，かつ経済的効率性を向上させようとする化学工業の改革運動を意味する．

12章 これからの科学技術はどうあるべきか

　これまで考察してきたように，環境にかかわる多くの問題は，複雑かつ多様であり，それぞれが相互に密接に関連し合っている．個人レベルで対応可能なものから，地球レベルの広域で対応しなければ解決できないもの，あるいは，将来世代まで考慮しながら対応しなければならないものまで多岐にわたっている．そのなかでも科学技術のあり方を社会的に考えることはすべての人にとっての中心的な課題となる．そこで最後に，科学技術が社会とどうかかわっていくのかについて，倫理的配慮を含めて考えてみる．

12.1 科学技術について

　ここでは，一般的な「科学」と一般的な「技術」，および科学と技術の融合した分野を総称した言葉として「科学技術」の用語を用いている．しかし，厳密には科学と技術はそもそもその成り立ちからして異なるものである．

　科学，とりわけ自然科学は，自然の真理を見つけ出す合理的な学問である．自然を理解する強力な手段である科学は，現代社会で重要な地位を占めている．対象である自然は極めて複雑であり，科学者が答えを得るためには図12-1に示す明確な段階を踏む必要がある．得られた仮説は検証されなければならない．

　環境にかかわる科学は，地球上のすべてを対象とする学問である．ある対象分野で得られた理念は永遠不滅ではなく，対象は時代とともに変わるので，絶えず誤ったものを正しいものに置き換える必要が生じ，これによって科学が進歩することになる．

　一方，技術は，科学を実地に応用して自然の事物を改変・加工し，

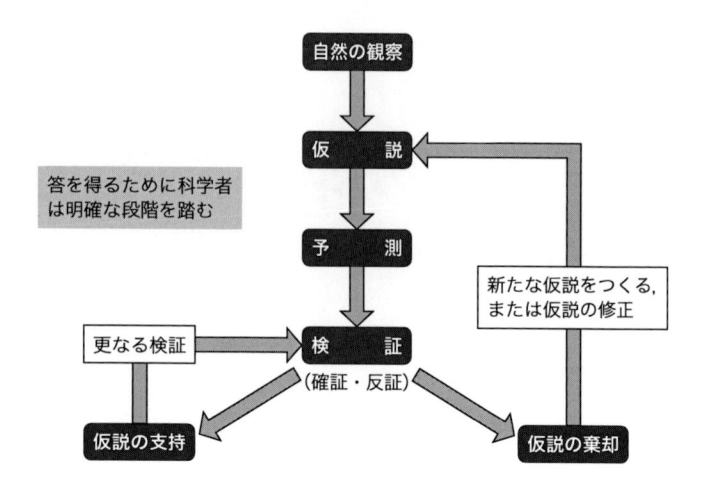

図 12-1 科学的方法論

人間生活に役立てる技である．科学と結びついた現代技術は，社会に対してかつてないほどの大きな影響力を持つ．単に自然を支配しようとするだけでなく，自然そのものと競合する仕事へと広がりを見せてきた．

科学技術は実験的性格をもち，未知の部分や**不確実性**や危険性を含んでおり，その進展に時間がかかる．だからこそ，深い洞察力と広範囲にわたる認識力および強い倫理感が求められる．さまざまな科学技術は完成されたものではなく，完成への途上にあるといえる．

12.2 安全およびリスクについて

12.2.1 安全とは

科学技術の実践において，"**安全**"には格段の配慮が必要となる．「安全・安心」というように，安全と安心を並列して一つの言葉として用いることがあるが，そもそも安全と安心は別物である．

安全はその裏返しの概念としての**リスク**をもって科学的に定義することができる．ISO/IEC ガイド 51 によれば，「安全（Safety）とは，受け入れ不可能なリスクがないこと（Freedom from unacceptable risk）」としている．JIS でも，「安全とは，人への危害または損傷の危険性（リスク）が，許容可能な水準に抑えられている状態」

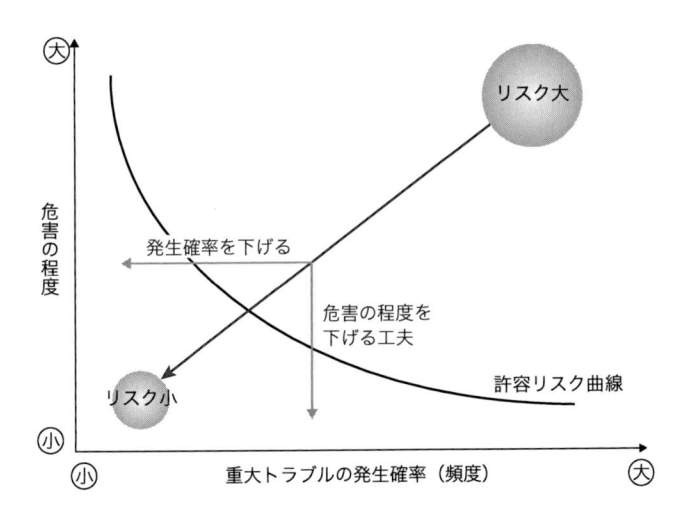

図 12-2 リスク軽減のためのアプローチ

と定義している．すなわち，安全といっても必ずいくらかのリスクが残っており，**絶対安全（ゼロリスク）**というものは存在しない．常に何らかのリスクをともなうものである．リスクの許容レベルは状況により異なるが，潜在するリスクがゼロでなくても，そのリスクが受け入れ可能な範囲に収まっていれば安全といってよい．**図12-2**にリスク軽減のためのアプローチを示す．

一方，**安心**とは人の心に根差すものであり主観的なものである．ある事象をリスクの観点からいくら科学的に安全だと説明しても，すべての人が安心するとは限らない．むしろ，その事象をどれだけ信頼しているのかの度合いで，同じ安全度であっても人によって安心のレベルが異なってくる[*1]．

12.2.2　リスクとは

安全をリスクで表現したとすると，リスクはどのように定義できるのであろうか．"リスク"とは，人間の生命や財産，あるいは生産活動にとって望ましくない事象を特徴づける概念であり，その事象が発生する「不確実さの程度」と「その結果の大きさ」との積として定義される．定量的には，

$$リスク = \Sigma f_i \times C_i$$

[*1] 補説
私たちの身の回りにはいろいろな危険が潜んでいる．自転車，自動車，電車，飛行機のいずれに乗っても少なからずリスクはついて回る．リスク，すなわち安全度は同じであっても，安心して乗る人と，不安のため乗らない人がいる．同じ事象でかつ同じ安全度であっても，人の心の安心レベルは同じではない．このような例は私たちの日常生活のあらゆるところにある．安心するかしないかの判断に，"信頼"が大きくかかわっている．

と表現することができる．f_iは事故iの発生確率，C_iは事故iによる被害の大きさを示す．

さまざまな事象にさまざまなリスクが存在するが，いずれも同様の概念でリスクをとらえることができる．たとえば，化学物質のリスクは当該化学物質のハザード（危険性，有害性）とその化学物質に対する暴露の程度の積として表現される[*2]．

安全を高めることは，リスクを許容範囲内に下げること，すなわち，発生確率または被害の大きさを下げる努力によってなされる．リスクを広く受け入れ可能な状態まで低減させるためには，当然コストがかかる．

環境対策も安全と密接に関連している．環境問題の解決にあたっては，安全レベルを高めつつ，コストと改善効果のバランス，ならびに広く社会に受け入れ可能な合意形成が重要になる．図 12-3 には一般的な安全管理の流れが示されている．

12.2.3　不確実なリスクへの対応

科学技術は不確実なリスクをともなうものであり，環境にかかわ

[*2] 補説
化学物質は，合成化学物質であれ天然化学物質であれ，必ず何らかのハザード（火災や爆発の危険性，生体や環境への有害性）をもっている．その取り扱い方や曝露の状況が安全性を左右する．ライオンも檻に入っていればおそわれることはないように，有害性をもつ化学物質も密閉されたタンクや配管内にある状態ならば生体や環境への影響はない．それができないときは，換気をよくするとか，保護具の装着で安全の度合いを高めることができる．

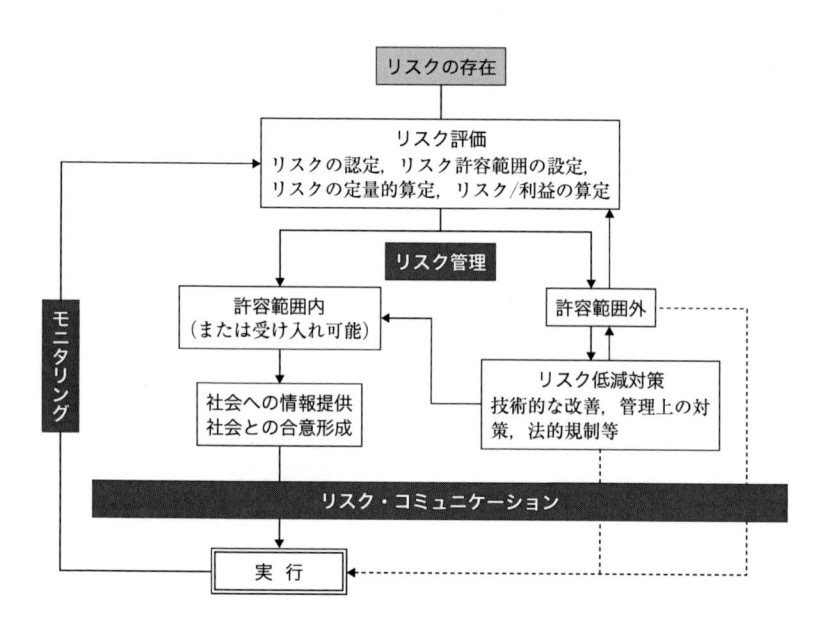

図 12-3　安全管理の流れ

る問題もその影響や被害，損失に関して科学的に証明することが難しい．因果関係の証明に時間がかかる問題も多い．気候変動の問題にしても，その見解は科学者間でさえ一致しているわけではない．しかし，結果が明らかになるまで対策を先送りすれば，未来世代にリスクを負わせることにもなりかねない．そこで近年，このようなケースに対処する方法として，**予防原則**が適用されることがある．

　予防原則の考えは，もともと1970年代に西ドイツの環境政策において，対症療法でなく予防的に環境保全を行うことを目的に提唱された．海洋汚染や酸性雨による森林被害に対して適用し，国際的な支持を集めた．この概念が国際的な行動規範として定着するのは，1992年のリオ地球サミット以降である．

　リオ宣言の第15原則に，予防原則の概念が述べられている．

> 　環境を保護するため，予防的方策（Precautionary approach）は，各国により，その能力に応じて広く適用されなければならない．深刻な，あるいは不可逆的な被害の恐れがある場合には，完全な科学的確実性の欠如が，環境悪化を防止するための費用対効果の大きい対策を延期する理由として使われてはならない．

12.2.4　予防原則の適用にあたって

　環境問題に対し予防原則を適用するにあたっては，その影響や費用などの大きさなどを考慮しながら慎重でなければならない．以下に予防原則の発動にあたって配慮すべき三つの条件を示す．

> ① 環境悪化に不可逆的な兆候があること．すなわち当該環境が悪化する状況にあり，それを放置すれば元の状態には回復できないという状態がその時点で存在していること．
> ② 環境の重大な悪化の潜在性が認識されること．すなわち環境の重大な悪化がその時点で存在するというのではなく，その潜在性が認識されるということ．
> ③ 被害の大きさや因果関係に科学的不確実性があること．すなわち被害が生じるかもしれない，あるいは環境悪化が発生するかもしれないことについて，科学的な調査を行ったが不

> 確実性が存在する，あるいはあいまいさが残っていること．

　予防原則は不確実性の高いリスクを管理する一つの有効な対処法ではあるが，あくまで暫定的措置である．将来新たな情報が得られた場合はそのつど再検討すべきである．また，発動に先立ち，科学的方法論による**定量的リスク評価**を実施することが前提であり，リスク評価を割愛したり，その代替策を用いたりしてはならない．

　予防原則は科学的知見の充実と定量的なリスク評価が前提であるので，科学的知見が明らかな段階で，事前に対策が行われる**未然防止**，いわゆる転ばぬ先の杖の概念と混同しないようにしたい．予防原則は，科学的な原因解明の途中段階でも対策を打つことである．

　現在，オゾン層保護や気候変動，生物多様性など，環境にかかわる多くの条約や国際文書に予防原則の理念が適用されている．

12.3 科学技術と社会とのかかわり

12.3.1 ブダペスト会議について

　1999年，ユネスコと国際科学会議（ICSU）の共催によりハンガリーのブダペストで世界科学会議（ブダペスト会議）が開催された．20世紀後半，科学技術は著しい発展を遂げ，豊かで快適な暮らしと経済の発展をもたらした．その一方で，地球温暖化，オゾン層破壊，有害化学物質汚染，資源の枯渇化など深刻な地球の未来にかかわる環境問題を引き起こす原因ともなってきた．これら科学技術の負の側面の解決にあたっても科学技術の力が必要である．このような背景のもとにこの会議が開催された．

　採択された「**科学と科学的知識の利用に関する世界宣言**」は科学者共同体にとって画期的なものであった．その前文の冒頭を示す．

> われわれのすべては同じ惑星に住み，われわれのすべてはその生物圏の一部である．われわれが相互依存性の高まりのなかにおかれているということ，そして，われわれの未来は，全地球的な生命維持システムの保全と，あらゆる形態の生命の存続とに不可避的に結びついているということが認識されるにいた

> っている．世界の国々や科学者たちは，科学のあらゆる分野から得た知識を，濫用することなく，責任ある方法で，人類の必要と希望とに適用させることが急務であることを認めなければならない．（以下略）

そのうえで，これからの科学者の責務として，次の四つの概念が提示された．

> ① 知識の進歩のための科学
> ② 平和維持のための科学
> ③ 持続的発展のための科学
> ④ 社会のための，そして社会の中の科学

12.3.2　社会のための，そして社会の中の科学

「①知識の進歩のための科学」は，純粋な真理の探究として従来から存在する通常の科学といえる．

「②平和維持のための科学」や「③持続的発展の科学」も社会とのかかわりを意味する．しかし，「④社会のための，そして社会の中の科学」は，科学の社会とのかかわりを明確に謳っている点で，従来にない科学への要請であった．この宣言のなかで，この項に対しては次のような内容が示されている．

> - 科学研究の遂行と，それによって生じる知識の利用は，人類の福祉を目的とし，人間の尊厳と権利，世界的な環境を尊重するものでなければならない．
> - 科学の実践，科学的知識の利用や応用に関する倫理問題に対処するために，しかるべき枠組みが各国において創設されるべきである．
> - すべての科学者は，高度な倫理基準を自らに課すべきである．
> - 科学への平等なアクセスは，社会的・倫理的要請ばかりではなく，科学者共同体の力を最大限に発揮させ，人類の必要に応じた科学の発展のためにも必要である．

科学技術は社会にとって有用であるとして，社会は科学技術を受け入れてきた．しかし，社会は科学技術コミュニティーの動きに大きな関心を示さず，その成果だけを享受してきたといわざるを得ない．私たちの生活は豊かになり，社会は成熟したが，その過程で科学技術は時に暴走し，事故をくり返してきた．社会の人々は科学技術の成果を享受しながらも，このままでいいのかと不安と疑問を感じているのも事実である．

科学技術コミュニティーが感じる科学的合理性と，社会の感じる社会的合理性とに大きな乖離が広がり始めた．科学技術の進歩は倫理とともになければ，社会に混乱をもたらす．科学技術は負の課題の解決のために貢献しなければ，社会の信頼と支持は得られないということを肝に銘じなければならない．

12.3.3 トランス・サイエンスについて

物理科学が主軸であった時代から，生命，電子・情報，環境などへと，科学の領域や対象が拡大するにつれて，科学と社会との関係は変化してきた．20世紀中ごろまでは，科学技術が進展すればそれだけ豊かで平和な社会が実現するという，科学技術に対する素朴な信仰が一般的であった．1960年代以降，世界的な公害問題を経験し，科学技術に対する批判的主張が世界的に社会全体へ広まった．

科学技術が社会に深く関与するにつれ，科学技術のあり方に大きな変容が生じてきた．1972年，アメリカの物理学者アルヴィン・ワインバーグは，このような変容を「**トランス・サイエンス**」的状況とした[*3]．「科学によって問うことはできるが，科学によって答えることができない問題群からなる領域」と定式化されている．**図12-4**にワインバーグが指摘した，科学と政治の領域が交錯するトランス・サイエンス的状況を示した．

トランス・サイエンス的状況は，対象の性質上，知識が不確実で解答を得ることが現実的に不可能なケースなどにおいて顕在化している．環境問題やエネルギー問題では，トランス・サイエンス的状況が多く経験される．科学と政治，さらには社会の三つがおたがいに交錯する領域では，科学技術の成果を人間，社会ならびに自然環境に最適化させる努力が求められる．

ここで科学者コミュニティーが取るべき手法は，従来の啓蒙型コ

[*3] 文献
小林傳司『トランス・サイエンスの時代』（NTT出版, 2007）

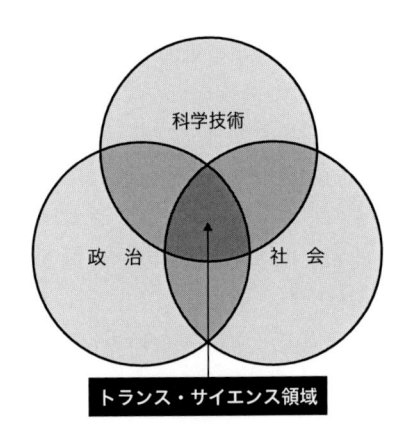

図 12-4 トランス・サイエンス
これからの科学者・技術者はトランス・サイエンスの領域で貢献することが求められる．

ミュニケーションではなく，社会を巻き込んでの対話型もしくは双方向型コミュニケーションでなければならない．パターナリズム（家父長主義）に陥ってはならない．

また，これからの科学技術者は，自らの社会における役割と責任を忘れ，知的活動にのみ邁進することは許されなくなった．

12.4 環境問題における科学技術の役割

12.4.1 特殊なリスクをもつ科学技術に対する倫理的配慮

科学技術の活用にあたっては，安全と環境への配慮が重要である．20世紀に入り，新たな**先端科学技術**が次々と現れ，日々の生活に深く食い込み，社会を大きく変化させてきた．21世紀には，先端科学技術の発展は，その速度と対象範囲を広げつつ，未来に向けて社会をさらに大きく変えていく可能性を秘めている．

物理科学が主軸であった時代は，自然科学は倫理や価値に関係なく中立だと信じられていた．しかし，先端科学の成果はすぐに技術応用され社会に組み込まれるようになった．さらに，専門分野が細分化・高度化し，科学技術者でも専門領域が異なれば，その技術内容を理解したり判断したりすることが難しくなった．

また，これまでは閉じた科学者集団でもよかったが，科学技術者もさまざまな形で社会との接点を持つようになってきた．たとえば，優秀な科学者が動員された「**マンハッタン計画**」（p.86 参照）は，その成果が政治的に利用され原子爆弾の開発につながった．

このようなことをふまえ，特殊なリスクをもつ科学技術に対しては，当該領域の専門家が自ら社会に対しての自主規制を行うようになった．ひとつの例は，ラッセル＝アインシュタイン宣言を受けての物理学者による原子力の平和利用，すなわち核兵器廃絶に向けての**パグウォッシュ会議**（1957年）[*4]がもたれたことである．

また，ジェームズ・ワトソンとフランシス・クリックによるDNA二重らせん構造の発見（1953年）をきっかけに，1970年代に入り**遺伝子組換え技術**の利用がいろいろな分野で急速に始まった．遺伝子組換えを行う科学者自身の間でも，DNA組換え技術応用の危険性を懸念する声があがった．遺伝子組換えの実験を行っていたポール・バーグは，研究のモラトリアム（一時凍結）と国際会議を呼びかけ，1975年に世界から研究者が集まり**アシロマ会議**が開かれた．議論の結果，「生物学的封じ込め」と「物理学的封じ込め」という実験ガイドラインと指針が設定された．これをきっかけに，社会と安全性についての合意を得つつ，遺伝子組換え技術の利用は飛躍的な発展を遂げている．

ヒトゲノムの全解読計画にあたっても，計画の責任者であったDNAの二重らせん構造の発見者であるワトソンは，研究費の3〜5％をそこから発生する倫理的・法的・社会的問題（ELSI：Ethical, Legal, Social Issues）に振り向けることを提案した．ヒトゲノム計画は了承され，約10年をかけ2003年に全解読を完了した．当初危惧されたような問題は起きなかった．研究着手前に事前に問題点を予測し，対策を打つという点は画期的であった．

12.4.2　未来に向けての環境への配慮

高度化，複雑化，巨大化する先端科学技術は，個人，社会，環境に大きな影響をおよぼし，時に地球や人類の未来までも危うくさせる存在となった．しかし，科学技術の貢献は，これからの平和，安全，健康および経済の発展にとっても不可欠なものとなっている．

すでに述べたように，科学技術と社会とのかかわりがますますた

[*4] 補説
◆パグウォッシュ会議
戦争での核兵器使用による人類絶滅の危険性と平和的な紛争解決を訴えた「ラッセル＝アインシュタイン宣言」（1955年7月9日）の呼びかけに応え，1957年7月7日にカナダのパグウォッシュに世界10ヵ国22名の著名物理科学者が集まり，第1回の会議が開かれた．正式名称は「科学と世界の諸問題に関するパグウォッシュ会議」．当時は東西冷戦のさなかで，水爆開発競争が続き，核爆発実験が地上・大気圏で相次いで行われ，環境汚染も心配されていた．1995年にノーベル平和賞がこの会議に対して与えられた．

いせつになっていくことは明らかである．自然科学系の専門家は，広く社会に目を向けるとともに人文・社会科学系の専門家たちともより広く，より深く相互理解と連携を図ることが求められる．かつて英国の科学者であり小説家でもあるチャールズ・P・スノーは「二つの文化と科学革命」と題した講演（1959年）のなかで，自然科学系と人文・社会科学系との知識人の間には大きな溝が広がり，両者の相互理解・協力は容易ではないと嘆いた[*5]．

それからすでに50年以上が経過している．まだまだ両者の溝が埋まらない部分もあるが，若い世代から，理工系と人文・社会科学系の人たちの交流や対話が生まれ始めている．一部には，現状の不都合な部分を科学技術を基盤とする進歩・発展のせいにするといった科学技術批判論があるのも事実であるが，未来に向けての持続可能社会の形成にあたっては，多くの関係者による前向きで幅広い協力が必要であることは論をまたない．

本書で扱ってきた気候変動，生物多様性，オゾン層破壊，有害化学物質，核物質，資源・エネルギー，廃棄物といった環境に関するさまざまな専門科学技術領域において，これまでも科学者・技術者は，それぞれにもち合わせている知識と技術を動員して，その課題解決に努力してきた．引き続き，今後予想される課題や問題点に対しての予見や警告を適宜・適切に発し続けるとともに，一般市民，行政当局者，産業界，NGO・NPO関係者など多くの関係者を巻き込みながら解決に向けての努力を続けていかなければならない．

環境にかかわる問題は，いずれも単独あるいは限られた地域や視点から眺めていても本質的な解決の道筋は見えてこない．人間も自然の一部である．地球全体というグローバルな視点から，将来を見据えつつ，地球，そして人類の共通の未来に向けた普遍的な合意形成へと導いていくことを誓い合いたい．

[*5] 文献
チャールズ・P・スノー（松井巻之助訳）『二つの文化と科学革命』（みすず書房，2011）

考えよう・話し合おう

- トランス・サイエンス的状況になっている環境問題はないか，もしあれば，どのような対策が必要か考えてみよう．
- これから科学技術にかかわるものが，どんな倫理や素養をもつことが必要か話し合ってみよう．

Technological Column   No. 12

戦争と環境倫理

■戦争が引き起こす甚大な環境破壊

戦争が環境問題のなかで論じられることは少ない．しかし戦争は，人が意図的に武力を行使して情け容赦なく敵を破壊しようとするがゆえに，通常の環境問題より悪質な環境破壊をもたらす．

広島・長崎に投下された原子爆弾は，いずれもわずか一発で，膨大な人々の命と，都市機能を破壊してしまった．今の爆弾はその1000倍の能力があるという．また，敵側の生態系を悪化させる狙いで，枯葉作戦や難処理雑草の播種作戦も行われた．

現在も，科学技術の総力を結集して無人兵器，宇宙兵器などが次々開発され，環境破壊の強力化・大規模化への準備はとどまるところを知らない．

■戦争抑制の活動

これまで戦争の災禍をふまえて，不戦や侵略戦争の禁止などの戦争目的規制（jus ad bellum），および毒ガスなどの非人道兵器の使用禁止，中立国や文民や捕虜の保護などの戦闘経過規制（jus in bello）が強化された．とりわけ，国連は，安全保障理事会，総会，事務総長の活動を通じ，戦争抑制の活動を強めた．また，国連の下に国際刑事裁判所が設置され，集団殺害犯罪，人道に対する犯罪，戦争犯罪により個人を訴追し処罰するシステムが動き始めた．兵力削減交渉は何度となく試みられている．

また，国家間の正規の戦争以外に，民族紛争やテロなど紛争の多様化にも対処しなければならない．

■環境倫理の視点から見た戦争責任

環境の破壊者に求められる汚染者負担の原則（PPP, Polluter-Pays Principle）を，戦争に適用すると，より大きく環境を破壊したほうが戦争の勝者となるので，勝者側にこそ大きな償いが科せられることになる．これは，兵器開発の技術者に対しても，これまでの単に威力の強大な兵器を開発するということからのパラダイムシフトを要求するであろう．

さらに環境倫理では①地球有限性，②世代間倫理，③生態系の尊重，④持続的発展のパラダイムを求める．戦争は，敵に勝つことを至上命題としてきたが，戦争にもこれらの制約条件が課せられることになる．

■理解・想像力・行動

こうして，環境倫理にもとづいて考えれば，
①環境問題を科学的に理解し，
②環境弱者に思いをいたし，
③どうすればよいかを考える
ことが求められる．

まずは，戦争による環境破壊に対して，正しい理解力をもつことが必要である．自分の技術分野のみだけでなく，ひろく周辺技術についても，環境破壊への関心をもち，必要な情報収集解析のたゆまぬ努力をしなければならない．

そして，兵器により破壊される側に対して，技術者の立場で，豊かな想像力をもって思いやらなければならない．

同時に市民として，環境を破壊する戦争に至らないように，社会に関心をもち続ける．選挙権の行使は当然である．気づいたら戦争に巻き込まれていたということのないように，平素から社会に対して責任ある発言ができる市民にならなければならない．

環境問題に対する意識が高まってきた現在，環境倫理の見地から戦争を見る意義は大きい．

太陽・地球・生物・人類文明の歴史的かかわり
「環境曼荼羅」を読み解くために

　生物とは，生命すなわち"生きている"状態を発現させる物質的基盤である．太陽からエネルギーを，地球から資源と生息場所を供給されて活動する「生命の運び屋」ともいえる．

　生命は自らを宿す生物に対して一定期間，"生きている"状態を維持させる自立的自己維持能力（homeostasis）と，その間に自分と同じ形質をもつ子孫を複製させる生殖能力（reproduction）を与える．それによって，"生きている"生物がリレー方式で常に地球上に存在する．さらには，複製過程に突然変異（mutation）といわれるゆらぎを与え，親と異なる形質をもつ生物を出現させて種の分化と進化を促すことで，種が多様化し，いずれかの種がどこかで生き残れるセーフティーネットを構築した．

　結果として，太陽・地球・生物の連携で構築された環境の下，生命は，出現以来40億年の時間空間の旅をつつがなく達成して現在に至っている．

　上にも示した巻頭の図は，「曼荼羅」という仏教の世界観図にならって生物を取り巻く環境問題をまとめた「環境曼荼羅」である．ここには，太陽から得たエネルギーを基幹として地球エネルギーも加わり，大気圏・水圏・地圏を巻き込んだ気象・気候，水循環が描かれる．その下に，光合成を中心とした生物炭素循環とこれと連動する無機物の循環で維持されてきた生物界があり，さらにそこに，人類文明が侵入した現在の状況が記されている．

　以下，この「環境曼荼羅」を参照しながら次の二つのことを見ていく．まずは，太陽・地球・生物の持続的連携40億年の歴史の流れである．

補章

そしてもうひとつは，人類が自分の体を維持するよりはるかに多量の資源を消費する"文明"という生物界から突出した生息活動を行っていることが原因で，生物界を揺るがす地球環境大撹乱が1万年の短時間で起ろうとしていることである．それら二つの概要を俯瞰して，環境倫理学習の動機づけとしたい．

● **太陽・地球・生物，40億年** ●

46億年前，太陽系が誕生した．二酸化炭素の大気に覆われた惑星地球ができた．

40億年前，地球に生命が誕生した．

当時，太陽のエネルギーは現在の70％程度と弱かったが，二酸化炭素の温室効果で地球の気温は現在よりやや高めであった．地磁気はなく，地表は致死的な高エネルギー粒子線に曝されていたので，原始生物誕生の場所は暗黒の海底であったと推定されている．原始生物は単細胞原核生物で，地球の自然力で生成していた有機化合物から代謝効率のよくない発酵でエネルギーを確保する嫌気性従属栄養生物であった．

原始生物はやがて真正細菌（バクテリア）と古細菌（アーキア）に分かれ，生存エネルギー獲得のため，代謝の効率化と，自ら栄養を合成する独立栄養化に向かってそれぞれ進化を続けた．

32億年前，太陽の**光エネルギー**を使って**水**と**二酸化炭素**を還元して有機化合物を**光合成**し**酸素**を放出する光合成独立栄養真正細菌；シアノバクテリア（藍藻）が出現する．

27億年前，地球に磁場が生じて粒子線が遮蔽され，光が豊富な浅海が安全な場所になった．シアノバクテリアは急速に生息域を広げて大繁殖し，酸素の生産と二酸化炭素の消費が進んだ．

大気中の二酸化炭素分圧は減少し，大気の温室効果を抑え，折から明るさを増した太陽による地球高温化を防止する結果となった．一方，酸素分圧の増大はオゾン層形成を促し，有害紫外線を遮蔽することで将来の陸上生物の出現を可能にした．シアノバクテリアの活動は，生物界への食料供給とともに，生物が生存できる地球環境の維持・改善に大きな役割を果たした．

25億年前，酸素は豊富になり，酸素呼吸で栄養を高効率で代謝できる従属栄養生物；好気性真正細菌が出現し，シアノバクテリアと**食物連鎖**で結ばれ繁栄した．この真正細菌の進化過程で，太陽・地球・生物の連携下で炭素の**還元**と**酸化**を軸とする持続可能な「太陽で生きる生物界」の基本システムが完成する．

それ以後，生存が保障された生物界の進化は，機能の高度化へと進む．

約20億年前に，古細菌が真正細菌を共生で取り込み，高機能の大型細胞からなる真核生物が出現する．まず，呼吸機能をもつ真正細菌が呼吸小器官「ミトコンドリア」として古細菌に取り込まれ，好気性の従属栄養単細胞真核生物が出現した．さらに，これに，シアノバクテリアが光合成小器官「クロロプラスト」として取り込まれ，好気性の独立栄養単細胞真核生物の出現となる．その後，真核生物は有性生殖を取り入れ多様化を加速した．

6億年前に多細胞化し**動物**，**植物**に進化した．

4億年前，動植物はオゾン層で紫外線が遮蔽された地上に進出し，生物界は海陸にわたる生態系を形成した．

その後生物界は，地球環境の非定常的な物理・化学的激変による大量絶滅に五回も遭遇した．しかし，新しい種の出現で回復し，生物多

様化は右上がりに推移し，1000万種におよぶ多様な生物を擁する「持続可能な生態系」を現在まで維持してきた．

この間，生物界が光合成で生産した**有機物**の量は代謝で消費した量より多かったため余剰有機物は環元系炭素の形で地下に備蓄され**石炭**，**石油**などになった．

● 人類の出現と文明の誕生 ●

わずか20万年前，アフリカで誕生した人類（現代型新人ホモ・サピエンス）が，生物界の一員となった．熱エネルギー（火）と道具を手中にした人類は多様な地域環境に適合した．

10万年前にアフリカを出て，ユーラシア大陸に移った．

1万2千年前には地球全域に進出した．この間，人類は，各地で必要以上の狩猟を行い，多くの大型草食動物を絶滅に追いやった．

1万年前の氷河期から間氷河期への気候の激変期に，人類は深刻な食料危機に遭遇し，食料確保の手段として農耕を始めた．

農耕で食料の拡大再生産に成功した人類は，余剰食料を第三者に有料で供給し始める．やがて食料の販売が定常化し，農耕以外の技能で生活する人も多数出現した．生産・流通・消費にかかわる人間の組織としての集落・都市・国家が出現することとなる．

ここに文明の本質「**衣・食・住**などの物品と快適な生活環境の供給を有料で行うシステムとインフラ」の基本が完成し，農業文明の時代をむかえる．

太陽エネルギーと水に依存する農業文明では，完全なエネルギー自給は困難であった．文明維持に必要な食料・飼料は，人類が**農産物**として固定した太陽エネルギーでまかなえた．しかし，土木・建築資材と熱エネルギー源に必要な木材は，生物界が**森**として備蓄していた太陽エネルギーに依存した．そのため，ユーラシア大陸で始まった農業文明は，雨が少なく森の再生力が弱いヒマラヤの西と，水が豊富で森の豊なヒマヤラの東で異なる展開をした．

● 西側農業文明の展開 ●

西側は，欧州全体にまたがる乾燥地に適した小麦と牧畜の農業文明である．

BC90世紀に北部メソポタミアで小麦の耕作が始まったのが起源だといわれる．小麦は収量が低いうえに連作ができないため，文明維持のために広範囲の森の耕地化を必要とした．そのため，乾燥気候で再生力の弱い森林を圧迫し，森の消失で崩壊する持続困難な文明であった．

BC30～20世紀のメソポタミア文明は，周辺の森林資源の枯渇と過剰灌漑による塩害のために，やがて砂漠を残して消滅した．文明は森を求めて地中海（ギリシャ，ローマ）を越え，キリスト教世界が成立する

5世紀頃には西ヨーロッパに移動，ゲルマンの大森林を消耗していった．

11～14世紀，中世ヨーロッパ文明が出現する．森は食いつくされ，大型動物たちが姿を消していった．

14世紀半ば，天敵である狼の消滅で大増殖したネズミを媒体とするペストが大流行し，ヨーロッパ人口の3分の1が死亡した．文明に対する自然の逆襲による人口減少によって，皮肉にも放棄された農地が森に復元した．

補章

15世紀，ヨーロッパ文明はルネサンスを迎えることができた．

以後，ヨーロッパは大航海時代を迎え，アフリカ西海岸にはじまり，アメリカ，アジアを植民地化して資源を収奪するなど，外部からの資源持ち込みで文明を維持した．

18世紀にはついに，エネルギー欠損を化石エネルギー利用で補う現代文明に変身した．

西側農業文明では，草原の民が，森を征服破壊して**耕地**とし，栽培植物と家畜の隷属と野生動物の排除で食料の拡大再生産に成功した．しかし，エネルギー欠損先送り文明であることを忘れ「自然の改造・征服」を人間の叡智と考える迷妄にとらわれるようになった．この思想が，人間本位，人口増放任の現代文明を支配することになった．

● **東側農業文明の展開** ●

一方，東側は，水に恵まれたアジアに広がる稲作の農業文明であった．

BC60世紀頃，稲作は，中国長江流域で始まったといわれている．水田稲作は連作が可能でかつ麦の10倍以上の高い生産性をもつ．そのため，十分な水源涵養林を残した耕地での労力集約型農業で食料自給をすることが可能であった．さらに，湿潤な気候のため，森の再生能力も旺盛で，文明維持のため森林を圧迫することが少なかった．

16世紀末まで「ほぼ持続型農業文明」として存在した．東側農業文明は森の生物に畏敬の念をもつ森の民が，生物と共生する道をとった．

17世紀に入ると西欧文明による略奪と植民地化を被った．

19世紀には西欧現代物質文明に席巻され崩壊の道をたどった．

ここで特記すべきことは，江戸時代の日本である．

19世紀半ばまで，鎖国で西欧の植民地化を排除し，自給自足の稲作と漁労の農業だけで高度な文化国家として存在した．環境に負荷を掛けることなく150年にわたり3000万の人口を増減なく維持したのは，太陽エネルギーで維持できる日本の人口を明確にした壮大な実験でもあった．この持続可能な農業文明を支えたのは以下三項目にまとめられる江戸の文化と社会制度とであった．

① 「もったいない」の精神で節約とリサイクルを美徳とする省資源文化
② 世襲制度による世帯数の固定化で人口増の抑制
③ 世襲制度維持のため子，孫の代までの生活環境を保証する治山治水と森林保護

残念ながら「悪貨は良貨を駆逐する」というたとえのごとく，明治維新を期にわが国も現代物質文明の虜になり先進国への道を歩む．

今や人口は1.2億を超え，食料自給率40％，エネルギー自給率4％と憂慮すべき状態にある．

● **産業革命と近代文明の暴走** ●

18世紀末，蒸気機関の発明で，人間は初めて熱エネルギーを動力エネルギーに変換する装置「機械エンジン」を手中に収める．機械エンジンは産業を急速に発展させ，文明の軸足が農業から産業に移行した（産業革命）．蒸気機関のエネルギー源には**石炭**が使われ，文明が化石エ

ネルギーに手を出す発端ともなる(1800年の世界人口：9.0億)．

19世紀，産業革命はヨーロッパからアメリカに伝播し，科学技術の発展を促した．

*19世紀末*には内燃機関が発明され，電力供給が開始され，交通・機械産業が発展した．さらに，地球資源の化学変換で多様な人工物を供給する化学産業が台頭する．エネルギー源も，石炭に**石油**が加わり，文明の化石エネルギー依存度が大きくなる(1900年の世界人口：16億)．

20世紀前半，文明が育んだ科学技術が，ヨーロッパ諸国の権力争いの道具として兵器に利用され，二回の世界大戦の時代となる．高性能兵器による攻防は殺戮と環境破壊を重ねた．原爆の出現による人類滅亡の危機感でようやく戦争は終息した(1950年の世界人口：25億)．

20世紀後半，文明は民主主義の名のもと，市民の欲望に応じ，兵器開発で発展した科学技術を足場に**大量生産・大量消費・大量廃棄**に象徴される豊かな（？）暮らしづくりに傾倒し，拡大路線をとった．社会システムや個人生活の快適さ・便利さを一変させた．化石エネルギー利用による農業の生産性向上と医療技術の進歩は**人口を急増**させた(2000年の世界人口：60億)．

しかしこの間，人間中心の倫理観のもとに拡大した現代文明による自然環境破壊は，生物界への大きな負荷となり，六回目の生物種大量絶滅を危惧させるまでになった．

*1992年*の国連環境開発会議（リオ地球サミット）では，環境破壊の脅威が世界的な認識となった．

*21世紀*の課題として，環境問題を軸とした人類文明のあり方「持続的文明社会の構築」が提起された．

● 持続的文明の実現のために ●

地球環境悪化と表裏一体の文明の暴走，人口増は止められるのか？ 広い分野で世界的な取り組みは始まっているが，各国間の問題意識の温度差は大きい．今世紀が始まってすでに10年以上経つが，総論賛成，各論反対に終始し，本格的な抑止力になってないのが現状である(2011年の世界人口：70億)．

人間は，豊富な物資と快適な暮らしを有料で提供する文明の発展を求める．その欲望と経済活動は"無限"である．これに対し，文明を支える生物界を含む地球の資源と科学技術は"有限"である．当然のことながら，文明発展の暴走を止め，持続的文明を実現するには"無限を有限化する"ほかに道はない．

しかし，一度現代文明に接した人が，歩いて1日かかる距離を1時間で行ける自動車や，猛暑の日についスイッチに手が行くエアコンとただちに決別することは困難である．欲望有限化への軟着陸には人類全体の精神的改革とこれにともなう社会改革に相当な期間と努力が必要となる．

その間，迫りくる文明の破滅と六回目の生物種大量絶滅を防ぐには科学技術に頼るしかない．文明の省資源・省エネルギー化と生物多様性維持対策に科学・技術者の学際的かつ高度な叡智が求められている．

本書で学ぶ環境倫理とは，精神・技術両面で現代文明を持続可能な形に軟着陸させるために全人類が共有しなければならない指導原理といえる．

参考図書

本文を読んでもっと知りたいと思った場合に参考になる書籍の例を紹介する．

◆環境倫理全般
加藤尚武『環境倫理学のすすめ』（丸善ライブラリー，1991年）
加藤尚武『新・環境倫理学のすすめ』（丸善ライブラリー，2005年）
加藤尚武 編『環境と倫理　自然と人間の共生を求めて（新版）』（有斐閣アルマ，2005年）
シュレーダー・フレチェット 編（京都生命倫理研究会 訳）『環境の倫理（上）（下）』（晃洋書房，1993年）
J・R・デ・ジャルディン（新田功ほか 訳）『環境倫理学　環境哲学入門』（出版研，2005年）
P・A・ヴェジリンド，A・S・ガン（日本技術士会環境部会 訳編）『環境と科学技術者の倫理』（丸善，2000年）

◆1章　いまなぜ環境倫理なのか
和辻哲郎『倫理学（一）』（岩波文庫，2007年）
和辻哲郎『人間の学としての倫理学』（岩波文庫，2007年）
電力中央研究所 編『次世代エネルギー構想　このままでは資源が枯渇する』（エネルギーフォーラム，1998年）

◆2章　地球の有限性
バックミンスター・フラー（芹沢高志 訳）『宇宙船地球号操縦マニュアル』（ちくま学芸文庫，2000年）
ドネラ・H・メドウズほか（大来佐武郎 監訳）『成長の限界　ローマ・クラブ「人類の危機」レポート』（ダイヤモンド社，1972年）
ドネラ・H・メドウズほか（茅陽一 監訳）『限界を越えて　生きるための選択』（ダイヤモンド社，1992年）
マルサス（永井義雄 訳）『人口論』（中公文庫，1973年）
トーマス・ヘイガー（渡会圭子 訳）『大気を変える錬金術　ハーバー，ボッシュと化学の世紀』（みすず書房，2010年）
マティース・ワケナゲル，ウイリアム・リース（池田真理 訳）『エコロジカル・フットプリント　地球環境持続のための実践プランニング・ツール』（合同出版，2004年）
クライブ・ポンティング（石弘之ほか 訳）『緑の世界史（上）』（朝日選書，1994年）
ジャレド・ダイアモンド（楡井浩一 訳）『文明崩壊　滅亡と存続の命運を分けるもの（上）』（草思社，2005年）

◆3章　自然・生態系の保護
ロデリック・F・ナッシュ（松野弘 訳）『自然の権利　環境倫理の文明史』（ミネルヴァ書房，2011年）
鬼頭秀一『自然保護を問いなおす　環境倫理とネットワーク』（ちくま新書，1996年）
ピーター・シンガー（山内友三郎ほか 訳）『実践の倫理　新版』（昭和堂，1999年）
ピーター・シンガー（戸田清 訳）『動物の解放　改訂版』（人文書院，2011年）
伊勢田哲治『動物からの倫理学入門』（名古屋大学出版会，2008年）
アルド・レオポルド（新島義昭 訳）『野生のうたが聞こえる』（講談社学術文庫，1997年）
アラン・ドレグソン，井上有一 共編『ディープ・エコロジー　生き方から考える環境の思想』（昭和堂，2001年）
ルネ・デュボス（野島徳吉，遠藤三喜子 訳）『人間であるために』（紀伊國屋書店，1970年）

◆4章　環境と世代間倫理
マット・リドレー（柴田裕之ほか 訳）『繁栄　明日を切り開くための人類10万年史（上）』（早川書房，2010年）
ハンス・ヨナス（加藤尚武 監訳）『責任という原理　科学技術文明のための倫理学の試み』（東信堂，2000年）

ジョン・ロールズ（川本隆史ほか 訳）『正義論』（紀伊國屋書店，2010 年）
フランソワ・ジャコブ（原章二 訳）『ハエ，マウス，ヒト　生物学者による未来への証言』（みすず書房，2000 年）
加藤尚武『現代倫理学入門』（講談社学術文庫，1997 年）
レイチェル・カーソン（青樹簗一 訳）『沈黙の春』（新潮文庫，1974 年）
シーア・コルボーンほか（長尾力ほか 訳）『奪われし未来』（翔泳社，1997 年）

◆5章　持続可能な社会
環境と開発に関する世界委員会（大来佐武郎 監修）『地球の未来を守るために』（福武書店，1987 年）
ハーマン・デイリー（新田 功ほか 訳）『持続可能な発展の経済学』（みすず書房，2005 年）
ニコラス・ジョージェスク＝レーゲン（高橋正立ほか 訳）『エントロピー法則と経済過程』（みすず書房，1993 年）
ロック（宮川透 訳）『統治論』（中公クラシックス，2007 年）
諸富徹ほか『環境経済学講義　持続可能な発展をめざして』（有斐閣ブックス，2008 年）
ポール・コリアー（村井章子 訳）『収奪の星　天然資源と貧困削減の経済学』（みすず書房，2012 年）
ティム・ジャクソン（田沢恭子 訳）『成長なき繁栄　地球生態系内での持続的繁栄のために』（一灯舎，2012 年）

◆6章　資源とエネルギー
国連人口基金（UNFPA）『世界人口白書 2011（日本語版）』http://www.unfpa.org/public/
資源エネルギー庁『エネルギー白書 2011』　http://www.enecho.meti.go.jp/topics/hakusho/
小宮山宏『地球持続の技術』（岩波新書，1999 年）

◆7章　地球温暖化
宇沢弘文『地球温暖化を考える』（岩波新書，1995 年）
佐和隆光『地球温暖化を防ぐ　20 世紀型経済システムの転換』（岩波新書，1997 年）
アル・ゴア（枝廣淳子 訳）『不都合な真実』（ランダムハウス講談社，2007 年）
明日香壽川『地球温暖化　ほぼすべての質問に答えます！』（岩波ブックレット，2009 年）

◆8章　廃棄物問題
廃棄物学会 編『新版ごみ読本』（中央法規，2003 年）
速水融『歴史人口学で見た日本』（文春新書，2007 年）
環境省『平成 23 年版　環境白書（循環型社会白書／生物多様性白書）』

◆9章　生物多様性
Millennium Ecosystem Assessment（横浜国立大学 21 世紀 COE 翻訳委員会 監訳）『生態系サービスと人類の将来　国連ミレニアムエコシステム評価』（オーム社，2007 年）
エドワード・O・ウィルソン（大貫昌子ほか 訳）『生命の多様性（上）（下）』（岩波現代文庫，2004 年）
ダーウィン（八杉龍一 訳）『種の起源（上）（下）』（岩波文庫，1990 年）
環境省『平成 23 年版　環境白書（循環型社会白書／生物多様性白書）』

◆10章　環境破壊と社会
中村収三，近畿化学協会工学倫理研究会『技術者による実践的工学倫理　第 2 版』（化学同人，2009 年）
神岡浪子『日本の公害史』（世界書院，1987 年）
原田正純『環境と人体』（世界書院，2002 年）
西村肇，岡本達明『水俣病の科学』（日本評論社，2001 年）
宮田秀明『ダイオキシン』（岩波新書，1999 年）

参考図書

◆11章　企業活動と環境
安達英一郎『環境経営入門』（日経文庫，2009年）
御園生誠『化学環境学』（裳華房，2007年）
谷本寛治『CSR　企業と社会を考える』（NTT出版，2006年）

◆12章　これからの科学技術はどうあるべきか
村上陽一郎『人間にとって科学とは何か』（新潮選書，2010年）
日本リスク研究学会 編『増補改訂版 リスク学事典』（阪急コミュニケーションズ，2006年）
小林傳司『トランス・サイエンスの時代　科学技術と社会をつなぐ』（NTT出版，2007年）
石田三千雄ほか『科学技術と倫理』（ナカニシヤ出版，2007年）
藤垣裕子 編『科学技術社会論の技法』（東京大学出版会，2005年）
チャールズ・P・スノー（松井巻之助 訳）『二つの文化と科学革命』（みすず書房，2011年）

索　引

人　名

アナン，コフィー	163
安倍晋三	104
伊庭貞剛	142
エイムズ，ブルース	56
オバマ，バラク	104, 148
カーソン，レイチェル	52, 60, 120, 149
加藤尚武	52
カント，エマヌエル	7, 37
キュリー夫妻	86
クリック，フランシス	176
クルックス，サー・ウイリアムス	23
ゴア，アル	95
塩野門之助	142
下村 脩	44
ジャコブ，フランソワ	51
シンガー，ピーター	37
スティーブンソン，アドライ	14
ストーン，クリストファー・D	34
スノー，チャールズ・P	177
スミス，アダム	69
セッションズ，ジョージ	42
ダーウィン，チャールズ	124
デイリー，ハーマン	65
デュボス，ルネ	43
ナッシュ，ロデリック・F	36
ネス，アルネ	41
バーグ，ポール	176
ハーディン，ギャレット	69
ハーバー，フリッツ	24
荻野 昇	146
パチャウリ，ラジェンドラ	95
鳩山由紀夫	104
ハバート，キング	82
ピグー，アーサー・セシル	71
広瀬宰平	141
ピンショー，ギフォード	30
フェルミ，エンリコ	86
フォークナー，ピーター	51
札野 順	4
フラー，バックミンスター	14
ブルントラント，グロ・ハーレム	61
フレチェット，シュレーダー	51
ベクレル，アンリ	86
ペッチェイ，アウレリオ	16
ベンサム，ジェレミー	6, 37
ボールディング，ケネス	15
細川 一	145
ボッシュ，カール	24
マルサス，トマス・ロバート	22, 67
ミューア，ジョン	30
ミューラー，ポール	54
ミル，ジョン・スチュアート	6, 66
メドウズ，デニス	16
モリーナ，マリオ	61
ヨナス，ハンス	48
リース，ウイリアム	25
リドレー，マット	45
レーガン，トム	37
レーゲン，ニコラス・ジョージェスク	66
レオポルド，アルド	38
レントゲン，ヴィルヘルム	86
ローランド，フランク	61, 98
ロールズ，ジョン	49
ロック，ジョン	70
ロックフェーン，ヤコブ	27
ワインバーグ，アルヴィン	174
ワグナー，ウオルター・C	51
ワケナゲル，マティース	25
和辻哲郎	4
ワトソン，ジェームズ	176

数字・欧文

2010年目標	133
3R イニシアティブ	117
BDF	89
BRICs	79
CDM	102
CDM クレジット	102
Chemical Recycling	117
COP	100
CSR	152, 157
DDT	53
Ecology	3
ELSI	176
Environment	3
EPR	151
Feedstock	117
FIT	89
For a pollutant	65
For a nonrenewable resource	65
For a renewable resource	65
GC	163
GDP	73
GHG	94
IET	102
IPCC	95
IPCC 第6次報告書	96
ISO14001	151
IUCN	132
JI	102
JI クレジット	102
Kyoto Protocol	100
LCA	161
Material Recycling	117
MOX	87
NGO	156
NIMBY	111
NPO	156
OAPEC	83
OPEC	82
Our Common Future	62
PCB	121
POPs	151
POPs 条約	55
PPP	114
RC 活動	159
Recycle	117

索引

Reduce	117
Reuse	117
RI	121
SOx	81, 146
Sustainable	60
Thermal Recycling	117
UNCED	62, 99
UNEP	98
WCED	61
WSSD	63

あ 行

アカウンタビリティー	158
赤潮	144
悪臭	143
アジェンダ21	63, 99
足尾銅山鉱毒・煙害事件	141
アシロマ会議	176
アマミノクロウサギ事件	35
安心	169
安全	168
イースター島	27
イタイイタイ病	144
一廃	110
一般廃棄物	110
インテグリティー	158
遺伝子組換え技術	176
遺伝子資源	135
遺伝子資源へのアクセスと利益配分	136
遺伝子の多様性	129
ウィーン条約	150
宇宙船地球号	14
ウラン	79
エコロジカル・フットプリント	25
エネルギーの大量消費	22
オイルサンド	84
応用倫理	8
オーバーシュート	19
オープン・アクセス	70
汚染者負担原則	114
オゾン層の破壊	98
オゾン層保護に関するウィーン条約	98
汚物掃除法	114
親の子に対する無私の責任	48
温室効果ガス	94

か 行

カーボンオフセット	102
カーボンニュートラル	108
カーボンフットプリント	108
カーボンポジティブ	108
外部不経済	71
価格	90
科学	167
科学技術	167
科学と科学的知識の利用に関する世界宣言	172
化学物質の審査及び製造等の規制に関する法律	55
拡大生産者責任	151
核燃料サイクル	87
可採年数	78
化審法	55
化石資源	78
化石燃料	81
家族計画	24
カドミウム中毒	146
空っぽの世界	67
環境	2
環境影響	161
環境基本法	118, 143, 147
環境経営	158
環境コミュニケーション	151
環境収容力	25
環境省	147
環境税	71
環境庁	147
環境的側面	158
環境と開発に関する世界委員会	61
環境と開発に関する国連会議	62, 99
環境と開発に関するリオ宣言	63, 99
環境トリレンマ問題	11
環境の持続性	73
環境配慮型製品	158
環境白書	152
環境負荷	161
環境ホルモン	121, 155
環境マネジメントシステム	151
環境容量	25
カンブリア爆発	125
緩和	99
企業価値	157
企業の社会的責任	152, 157
気候変動	94
気候変動に関する政府間パネル	95
気候変動枠組み条約	63, 95, 99
技術	167
希少金属	78
義務論	6
逆有償	119
キャリング・キャパシティー	25
共時的	46
共生	39, 41
共同実施	102
京都議定書	100
京都メカニズム	101
共有地の悲劇	69
均衡状態	18
クリーン開発	102
グリーン調達	160
グリーン調達基準	161
経済的側面	158
経済の持続性	73
限界を超えて	18
現在世代	46
原始生命体	124
原初状態	50
原子力基本法	121
原子力の平和利用	86
原子力発電所	85
原子力ルネサンス	87
原子炉等規制法	121
原生自然	33
公害病	144
公衆衛生	113
公正の正義にかかわる二つの原理	49
鉱毒問題	141
功利主義	6
国際自然保護連合	132
国際排出権取引	102
国内クレジット制度	102
国連環境計画	98
国連グローバル・コンパクト	163
国連人間環境会議	60
国連ミレニアム生態系評価	128
コスト	90
固定価格買取制度	89
互報性	51
コモンズ	69

コンプライアンス	158

さ 行

採集・狩猟	140
最終処分	116
最終処分場	116
菜食主義	38
再生可能エネルギー	88
再生可能エネルギー特措法	89
栽培・牧畜	140
産業革命	11, 21, 140, 154
産業公害	154
産業廃棄物	110
産業廃棄物管理表	112
三大鉱害事件	141
産廃	110
残留性有機汚染物質	151
シェールガス	84
シエラ・クラブ	30
時間選好	47
資源循環型社会	110
資源・製品の再利用	117
資源有効利用促進法	118
自己愛的な現在が未来に依存している	51
自主開発油田	82
自然エネルギー	88
自然現象	126
自然の価値	9
自然の権利	35
自然の権利訴訟	35
自然の征服	57
持続可能性	60
持続可能な開発に関する世界サミット	63
持続可能な発展	60
持続的発展のための科学	173
質の改善	66
地盤沈下	143
社会的側面	158
社会の持続性	73
社会のための,そして社会の中の科学	173
シャロー・エコロジー	41
充満した世界	68
種の多様性	129
循環型社会形成推進基本法	118, 147
省エネルギー	107
少子化	79
静脈産業	110
食料自給率	91
処理費	119
白神山地	33
人為的要素	127
新エネルギーの開発	107
進化	124
シンク	19
人口制限	24
人口の都市集中	141
人口扶養力	25
人口問題	22
人口論	22
震災廃棄物	121
振動	143
森林原則宣言	63
人類の存続そのものへの価値	48
水質汚濁	143
水質汚濁防止法	147
水素爆発	85
スーパーファンド法	149
スターン報告	99
ステークホルダー	156
ストックホルム条約	55, 151
ストックホルム宣言	61, 98, 133
スリーマイル島	85
スループット	66
生活ごみ・し尿	111
誠実性	158
清掃法	114
生態系中心主義	41
生態系の多様性	129
生体蓄積性	54, 55
成長の限界	16
生物種の保護	9
生物多様性	124, 128
生物多様性基本法	147
生物多様性条約	63, 99
生物多様性条約締結国会議	133
生命共同体	40
生命圏平等主義	41
生命中心主義	41
生物資源	127
石炭	21, 81
石油	21, 81
石油ピーク	82
世代間公平	64
世代間の契約	51
世代間倫理	9, 46
世代内公平	64
絶対安全	169
説明責任	158
絶滅	126
絶滅危惧種	132
瀬戸内法	145
ゼロ・エミッション	118
ゼロ成長	18
ゼロリスク	169
先端科学技術	175
騒音	143
相互性	47
ソース	19

た 行

第一次石油ショック	83
第一約束期間	104
ダイオキシン類	121
大気汚染	143
大気汚染防止法	147
第二次石油ショック	83
第二水俣病	144
第二約束期間	105
大防法	147
太陽光	89
大量絶滅	126
多様性	41
炭素クレジット	102
チェルノブイリ	85
地球温暖化	94
地球温暖化対策推進法	107
地球の未来を守るために	62
地球の有限性	9, 16
知識の進歩のための科学	173
地層処分	122
地熱	89
中間処理	116
超越主義	32
長距離移動性	55
沈黙の春	52
通時的	46
強い持続可能性	64
ディープ・エコロジー	41
定常状態	18

索引

定常状態の経済	66
ディスクロージャー	158
低炭素社会	108
締約国会議	100
定量的リスク評価	172
適応	99
典型七公害	143
天然ガス	81
道具の価値	9
道徳	5
動物実験	38
動物の解放	37
動物の権利擁護	37
動脈産業	110
透明性	158
毒性	55
特定放射性廃棄物の最終処分に関する法律	121
特定有害廃棄物	112
特定有害廃棄物等の輸出入等の規制に関する法律	120
特別管理廃棄物	112
都市・生活型公害	155
土壌汚染	143
土壌汚染対策法	116, 149
土地倫理	38
トランス・サイエンス	174
トリプル・ボトムライン	158
トレード・オフ	11, 56

な 行

内在的価値	9
内分泌かく乱物質	121
名古屋議定書	136
難分解性	54, 55
南北問題	61, 91
人間環境宣言	61, 98, 133
人間中心主義	10, 32
人間の本性	51
人間非中心主義	10

は 行

バーゼル条約	120, 151
ばい煙	143
バイオエタノール	91
バイオディーゼル	89
バイオマス燃料	89
廃棄物	110
廃棄物処理法	110
廃棄物の発生抑制	117
排出物・廃棄物の再生利用	117
ばいじん	81
廃掃法	110, 114
パグウォッシュ会議	176
バトンタッチの相互性	52
非営利団体	156
東日本大震災	85
ピグー税	72
非在来型化石燃料	84
非政府組織	156
日立鉱山煙害事件	141
ヒューマンエラー	87
フィードバック・ループ	16
風力	89
フェアトレード	162
富栄養化	144
不確実性	168
ブダペスト会議	172
不適正処理	115
不法投棄	115
プルサーマル	87
ブルントラント委員会	61
フロンガス	98
文明	140
平和維持のための科学	173
別子銅山煙害事件	141
ヘッチヘッチー渓谷論争	30
ヘドロ公害	144
放射性廃棄物	121
放射線障害防止法	121
法律	5
法令遵守	158
ポスト京都議定書	105
保全	32, 135
保存	32, 135
ボン条約	134

ま 行

埋蔵量	78
マスキー法	149
マニフェスト	112
マンハッタン計画	86, 176
未然防止	172
水俣病	144
未来世代	46
未来に対する義務	48
未来倫理	48
無形資産	158
無知のヴェール	50
メチル水銀	145
メルトダウン	85
モラル	5
モントリオール議定書	150

や 行

有価	119
有形資産	158
四日市ぜん息	144
ヨハネスブルグ・サミット	63, 155
ヨハネスブルグ宣言	64
予防原則	171
弱い持続可能性	64
四大公害病	144

ら 行

ライフサイクルアセスメント	161
ラジオアイソトープ	121
ラムサール条約	134
リオ地球サミット	62, 99, 171
リサイクル法	118
リスク	168
量的な拡大	66
倫理	3
倫理的判断	6
倫理の責任原理	49
レスポンシブル・ケア活動	159
レッドリスト	132
ローマ・クラブ	16
炉心溶融	85
ロックの但し書き	71

わ 行

ワシントン条約	134

あとがき

　20世紀後半に入り，先進国を中心とした新産業技術革新によって私たちの生活レベルが飛躍的に上昇したのは疑う余地がない．しかし一方では，私たちが住む地球環境に取り返しのつかない打撃を与えたことも事実である．

　21世紀になって，多くの人たちが，次世代に環境の面で大きな負の遺産を押しつけるような結果を招いたことにやっと気づき，この負の遺産を何とか解消しようともがいているのが現状の世界であるように思える．

　存在すること自体が奇跡としかいい表すことができない氷河も，二酸化炭素などによる地球温暖化の影響を受けて消失している．そうした現状を見ると，何とかしなければならないという自責の念にとらわれるのは当然である．解決しなければならない問題は地球温暖化だけにとどまらず，地球環境の悪化，水資源およびエネルギー問題，人口問題，生物多様性の保全に関する問題など，多くの課題が山積みされている．

　しかし，これらの問題を解決するには，一つの国や一つの機関で対処できるものではない．多くの国々が協調してグローバルな行動を取ることが必要となる．実際，地球環境を改善することを目的に，国際的な環境サミットなどの取り組みも行われている．しかしこれらのサミットにしても，先進国と発展途上国との間の軋轢を解消することができていないのが現状である．

　地球規模の問題について解決策を見出すには，多くの国々の協力態勢が必要であることはいうまでもないが，一方では，人間一人ひとりの意識の改革こそが重要であるともいえる．「環境倫理」は，これまでの大学ではあまりなじみのない分野であった．しかし，これからの社会を担っていく若い人にとっては，非常に重要な行動規範として必要となってくるものである．そうした環境に対する課題意識を多くの人たちに身につけていただくために，本書の出版は企画された．くり返し読むことによって，環境に関する知識をより広め，環境倫理の重要性を認識し，環境保全と持続可能な社会への移行のために，ぜひとも貢献していただきたい．

　本書は，一般社団法人近畿化学協会の化学技術アドバイザー会（略称キンカCA）化学教育研究会に所属するメンバーによって作成された．企業や大学の技術者・研究者OBで構成される化学教育研究会では，未来を担う若い人たちへの化学教育のあり方について議論を重ねてきた．そのなかで，学生や若い技術者が自信をもって持続可能な社会とその構築

あとがき

に寄与することができるようにするためには「環境倫理」の修得が必要であることを痛感するようになり，CA 副会長 甲斐 學氏により本書が企画された．そして，CA 会長 大城芳樹氏，化学教育研究会主査 中原佳子氏らとともに本書作成が検討され，実施される運びとなり，研究会のメンバーから編集委員および執筆者が選出された．"序章"は企画者である甲斐氏自身が本書の目的と使命を念頭に置いて執筆した．本文は，大学での講義内容を基礎に，研究会で議論を重ねてきたことをふまえて，後藤達乎氏と田村敏雄氏の両人が執筆した．原稿には，編集委員全員が目を通し，推敲を重ねた．特に，田井 晣氏および藤原秀樹氏は，文明，文化，歴史などいろいろな視点から本書全体を検討し，調整した．さらに，巻頭には田井氏による絵図「環境曼荼羅」を，巻末には中原氏による環境関連政策の年表を掲載することで，本書にいっそうの華を添えることができた．各章末のコラムは，化学教育研究会の勉強会でメンバーにより提供された話題の内容を土台にして，話題提供者により，独立した読み物として作成された．

このように，本書は，一般論にとどまらず，理系学生，研究者，技術者を中心に，さらには社会科学系の諸君にも実際に役立てていただけることを念願に，化学教育研究会の英知を集め，総力を結集してつくりあげたものである．

本書刊行にあたり，編集委員や執筆者はもちろん，化学教育研究会で議論をしていただいた研究会のメンバーの皆様にお礼申し上げる．また，化学同人の平 祐幸氏，後藤 南氏の努力なくしては，とうてい刊行にはいたらなかったものと思い，ここに深く感謝の意を表する次第である．

2012 年 8 月
編集委員を代表して
石川　満夫

編集委員・執筆者一覧

■編集委員長

石川 満夫　　【あとがき】

元 広島大学教授・倉敷芸術科学大学教授．理学博士．有機金属化学・含ケイ素ポリマー・ケイ素化合物の光反応の研究業績により日本化学会学術賞・ケイ素化学協会功績賞などを受賞．

■副編集委員長

中原 佳子　　【日本の地球環境関連政策】

元 大阪工業技術研究所（現産総研）研究部長．工学博士．新エネルギー・地球環境技術開発の研究企画・管理に従事．科学技術庁長官賞・色材協会論文賞などを受賞．

■編集委員　※五十音順

入潮 晃暢　　【増刷改訂】

元 大阪ガス㈱．大阪工業大学客員教授，大阪大学，大阪公立大学，関西大学にて非常勤講師．

大城 芳樹

元 大阪大学教授．工学博士．近畿化学協会会長・日本油化学協会会長・日本化学会副会長等などを歴任．複素環式化学，有機合成化学の研究業績により日本油化学協会賞・有機合成化学協会賞等受賞．

甲斐 學　　【序章】

元 ダイセル化学工業㈱代表取締役副社長．研究・開発，新事業を担当．日本化学会フェロー．有機合成化学協会賞・日本化学会副会長・日本学術会議専門委員などを歴任．医用化学工学・医療用分離膜開発などの業績により高分子科学技術功績賞などを受賞．多数の大学で工学倫理・環境倫理にかかわる講義を担当．

後藤 達乎　　【1～5章，9章，11～12章】

元 ㈱ダイセル企業倫理室長．研究開発，企業倫理などに関する諸業務を担当．日本化学会フェロー．日本化学会理事・有機合成化学協会理事などを歴任．日本化学会功労賞などを受賞．大阪府立大学，関西大学などの非常勤講師として「環境倫理」「安全工学」などを担当．

田井 晰　　【環境曼荼羅，補章】

元 姫路工業大学（現兵庫県立大学）教授．理学博士．近畿化学協会触媒表面部会長などを歴任．触媒反応や生命科学の研究に有機立体化学の視点を導入した業績などにより有機合成化学協会賞・触媒学会功績賞・The Organic Reaction Catalyst Society; Murray Raney Award などを受賞．

高橋 広通　　【増刷改訂】

花王㈱テクノケミカル研究所顧問．大阪公立大学，同志社大学，和歌山高専にて非常勤講師．

田村 敏雄　　【6～8章，10章】

元 ㈱ユニチカ環境技術センター代表取締役社長．合成高分子の研究開発・製造管理，環境技術の開発・設計・建設に従事．温暖化対策を含む環境省・NEDO などの海外技術調査・移転に参画．大学などの非常勤講師として「環境倫理」「工学倫理」を担当．

藤原 秀樹

元 大阪工業大学教授．工学博士．近畿化学協会ビニル部会会長・高分子学会関西支部幹事などを歴任．超音波エネルギーの高分子化学反応への応用等の研究業績がある．

「Technological Column」執筆者

No.1	大城 芳樹	〔大阪大学名誉教授〕	No.7	中野 達也	〔ダイセル研究統括部技術企画グループリーダー〕
No.2	藤原 秀樹	〔大阪工業大学名誉教授〕	No.8	内藤 正巳	〔元 パナソニック環境保全部チームリーダー〕
No.3	黒田 誠	〔元 武田薬品経営企画部審議役〕	No.9	松本 和男	〔京都大学化学研究所・生体触媒化学研究フェロー〕
No.4	谷中 國昭	〔元 日本農薬常務取締役総合研究所長〕	No.10	中村 務	〔京都大学国際イノベーション機構顧問〕
No.5	中塚 修志	〔ダイセン・メンブレン・システムズ取締役〕	No.11	青柳 正也	〔住友化学主席研究員（分析物性部門統括）〕
No.6	牛山 敬一	〔植物ハイテク研究所取締役〕	No.12	井上 靖彦	〔元 広栄化学工業常務取締役〕

◆編著者

一般社団法人近畿化学協会 化学教育研究会

近畿化学協会は，近畿圏を中心とした大学，研究機関，企業の化学関連スペシャリストが集う非営利団体である．企業・大学・研究機関のOB会員が中心となり，現役の会員も加え，自分たちが蓄積した専門能力を活かして，広く社会に貢献したいと志す化学技術アドバイザー会（略称：キンカCA）を組織している．その一環として化学教育研究会が設けられている．化学教育研究会では，化学が，環境・エネルギー・資源・産業・医療等の研究分野，および技術開発，企業経営等々に深くかかわり貢献していることを，広く人々に知ってもらうことを目的として，化学基盤育成，化学萌芽育成，専門化学の教育支援活動とそのための研究活動を行っている．

環境倫理入門
地球環境と科学技術の未来を考えるために

第1版　第1刷　2012年10月1日
　　　　第5刷　2022年9月20日

検印廃止

JCOPY 〈出版者著作権管理機構委託出版物〉

本書の無断複写は著作権法上での例外を除き禁じられています．複写される場合は，そのつど事前に，出版者著作権管理機構（電話 03-5244-5088, FAX 03-5244-5089, e-mail: info@jcopy.or.jp）の許諾を得てください．

本書のコピー，スキャン，デジタル化などの無断複製は著作権法上での例外を除き禁じられています．本書を代行業者などの第三者に依頼してスキャンやデジタル化することは，たとえ個人や家庭内の利用でも著作権法違反です．

編著者　一般社団法人近畿化学協会
　　　　化 学 教 育 研 究 会
発行者　曽　根　良　介
発行所　（株）化 学 同 人

〒600-8074 京都市下京区仏光寺通柳馬場西入ル
編集部　TEL 075-352-3711　FAX 075-352-0371
営業部　TEL 075-352-3373　FAX 075-351-8301
振　替　01010-7-5702
e-mail　webmaster@kagakudojin.co.jp
URL　　https://www.kagakudojin.co.jp
印刷・製本　（株）太洋社

Printed in Japan　©Kinka Chemical Society, KagakuKyoiku-Kenkyukai 2012　ISBN978-4-7598-1532-0
無断転載・複製を禁ず
乱丁・落丁本は送料小社負担にてお取りかえします．